# Automobiler Fachwortschatz

## zur Beschreibung historischer Fahrzeuge und deren Erhaltung, Restaurierung und Authentizität

zusammengestellt und verfasst von Dr. Gundula Tutt

unter Mitwirkung von
Mario De Rosa, Peter Diehl, Carsten Müller,
Prof. Dr. Karl Heinrich Hucke, Norbert Schroeder,
Thomas Wirth und Julian Westpfahl

Automobiler Fachwortschatz zur Beschreibung historischer Fahrzeuge und deren Erhaltung, Restaurierung und Authentizität, zusammengestellt und verfasst von Dr. Gundula Tutt
unter Mitwirkung von Mario De Rosa, Peter Diehl, Carsten Müller, Prof. Dr. Karl Heinrich Hucke, Norbert Schroeder, Thomas Wirth und Julian Westpfahl


1. Auflage 2019



Gestaltung und Gesamtherstellung: Tom van Endert
Umschlaggestaltung unter Verwendung einer Illustration von istockphoto.com/Extezy
Gedruckt auf 100% Recyclingpapier
Gedruckt und gebunden in Deutschland
Gesetzt aus der Meta Pro 9/13pt

ISBN 978-3-947060-11-5

www.karren-publishing.com

# Inhalt

# Vorwort

»Eine präzise Sprache sprechen« ist eigentlich immer wünschenswert. Also kann man sich fragen, warum sich dieser Titel ausgerechnet für ein kleines Büchlein hergeben muss, das sich mit der Oldtimerei befasst. Oldtimerei? Darf man das eigentlich sagen? Ist das nicht zu umgangssprachlich? Sie finden eine Antwort auf diese und andere Fragen.

Warum braucht es nach Ansicht der Autoren dieses Büchlein? Das Interesse an historischer Mobilität und ihren Fahrzeugen, deren Bewegung und Erhaltung hat in den vergangenen Jahren stetig zugenommen – und das nicht nur in Deutschland oder Europa. Es geht im weiteren Sinne um ein Hobby. Es geht allerdings auch um einen Markt von wirtschaftlicher Bedeutung. In den 80er und 90er Jahren des vergangenen Jahrhunderts sind – so hört und sieht man immer wieder – historische Fahrzeuge kaputtrestauriert worden. Mit dieser Handreichung soll einer wahrnehmbaren Sprachpanscherei bei Diskussionen um die und Beschreibungen von den historischen Fahrzeugen entgegengewirkt werden.

Vor etwas über zehn Jahren gründete sich der *Parlamentskreis Automobiles Kulturgut* (PAK) im Deutschen Bundestag. Das Europäische Parlament tat es dem Bundestag nach und etablierte die *Historic Vehicle Group* (HVG). Beide Einrichtungen sind für sich selbst genommen keine Verbände oder offiziellen Gremien mit legislativen Kompetenzen. Vielmehr bieten sie ein parlamentsnahes Forum für die Stakeholder der Szene rund um das »rostigste Hobby der Welt«.

Es bleibt nicht aus, dass in diesem Forum oder aus diesem Forum heraus Sachverhalte diskutiert und einer Klärung zugeführt werden. In der jüngeren Vergangenheit befasste sich der PAK beispielsweise mit einem möglichen Überarbeitungsbedarf bei den sogenannten Zustandsnoten. Das war dem Umstand geschuldet, dass sich gerade in den letzten Jahren Fahrzeuge mit ursprünglichem oder sehr weitgehend ursprünglichem Zustand einer besonderen Aufmerksamkeit und Wertschätzung erfreuten. Die Ursprünglichkeit konnte allerdings bislang oftmals nicht hinreichend präzise mit Zustandsnoten beschrieben werden.

»Eine präzise Sprache sprechen« ist Voraussetzung für gutes Verständnis. Fehlende Präzision hilft nicht. Pfusch ist bei der Arbeit mit historischen Fahrzeugen nicht gewünscht, und dasselbe gilt, wenn historische Fahrzeuge zur Sprache kommen. Es ist allerdings nicht das Ende einer Klärung, sondern erst der Anfang. Die Autoren sind für Diskussionen, Hinweise und Anregungen dankbar.

*Carsten Müller MdB*
*Vorsitzender Parlamentskreis*
*Automobiles Kulturgut*

# Eine präzise Sprache sprechen

Um ohne Missverständnisse über historische Fahrzeuge zu diskutieren ist es entscheidend, eindeutige Begriffe zu verwenden. Der hier zusammengestellte professionelle Grundwortschatz bildet einen aktuellen Stand ab und wird sich auch in Zukunft kontinuierlich erweitern und fortentwickeln.

Es ist notwendig, die verwendeten Begriffe frei von Idealisierungen oder individuellem Geschmack zu betrachten. Es geht nicht darum, bestimmte Fahrzeuge oder Vorgehensweisen gut oder schlecht zu reden, sondern jedes Ding bei seinem richtigen Namen zu nennen.

Dieses Glossar umfasst Definitionen für die Beschreibung, Erhaltung und Authentizität von historischen Fahrzeugen in enger Abstimmung mit den international etablierten Fachbegriffen, die im Umgang mit Kulturgütern seit den 1960er Jahren entwickelt und festgelegt worden sind[1]. Diese sind seitdem in zahlreichen nationalen und internationalen Standards, in Gesetzestexten, Abkommen zum Kulturgutschutz und als anerkannte *good professional practice* verankert. Beispiele dafür sind die im Völkerrecht, in den UNESCO-Standards, der Charta von Venedig, der Charta von Riga, der Charta von Barcelona, dem durch das International Council of Museums (ICOM) und das ICOM Committee for Conservation (ICOM CC) vorgegebenen Fachtermini, sowie die Europäische Norm DIN EN 15898 - 2011-12 (Erhaltung des kulturellen Erbes, allgemeine Begriffe)[2].

Als Referenz für die 2012 in der Fédération Internationale des Véhicules Anciens (FIVA) verabschiedete Charta von Turin wurden der englische Urtext und die auf der Seite der Initiative Kulturgut Mobilität hinterlegte offizielle deutsche Übersetzung verwendet, da in dem auf der FIVA-Webseite hinterlegten Charta-Text zwei einleitende Sätze der tatsächlich verabschiedeten Fassung fehlen[3].

Darüber hinaus sind die im Folgenden zusammengestellten Begriffe und Definitionen auch in das »TÜV Rheinland-Handbuch Oldtimer« aufgenommen worden, das 2016 erschienen ist[4]. Zur Referenz auf den aktuellen FIVA Technical Code 2015 wurde der auf der General Assembly 2014 verabschiedete englische Urtext[5] verwendet, dessen Vokabular ebenfalls dem im Folgenden zusammengestellten international etablierten Glossar folgt[6].

Die Begriffe des Fachwortschatzes wurden nach Sinnzusammenhängen und nicht alphabetisch geordnet. Am Ende des Dokumentes befindet sich ein alphabetischer Index, mit dem sie leicht auf den entsprechenden Seiten gefunden werden können.

*Die im Text verwendeten Beispiele dienen lediglich der Illustration von einzelnen Begriffen und stellen keine Bewertung von Fahrzeugen, Projekten oder Firmen dar.*

Abbildungen im Text, die nicht von den an diesem Text Mitwirkenden aufgenommen wurden, werden als Großzitate im wissenschaftlichen, gemeinnützigen Publikationskontext zitiert. In Übereinstimmung mit den europäischen Urheberrechtsgesetzen wird in den entsprechenden Bildunterschriften mittels Endnoten auf die Quellen hingewiesen.

## Artefakt

Ein Artefakt ist ein Gegenstand, der von Menschen geschaffen, geformt oder verändert worden ist (also etwas »künstlich Hergestelltes«, wie die Übersetzung des Begriffes auch lauten könnte).

## Kulturgut

Kulturgüter besitzen einen ideellen Wert für heutige und zukünftige Generationen, weil sie uns Einblick in historische, soziale, künstlerische, wissenschaftliche, architektonische oder technische Entwicklungen der Menschheit geben.

Materielle Kulturgüter sind bewegliche oder unbewegliche Gegenstände, die von Menschen geschaffen, verändert oder geprägt wurden und uns Einblick in die Entwicklung der Menschheit und der Gesellschaft geben. Dabei kann es sich um Einzelstücke, in Serie gefertigte Gegenstände oder auch um größere Anlagen handeln[7].

Immaterielle Kulturgüter umfassen geistige Leistungen, Traditionen und Überlieferungen der Menschheit[8].

Die Begriffe Kraftfahrzeugtechnisches Kulturgut bzw. Mobiles Technisches Kulturgut[9] stammen ursprünglich aus der kulturgeschichtlichen Fachsprache. *Mobiles Technisches Kulturgut* umfasst »jedes Schienen- oder Wasserfahrzeug, Luftfahrzeug oder auch Straßenfahrzeug, das in der Summe aller seiner Teile ein besonderes Zeugnis der menschlichen Kultur- und Technikgeschichte darstellt«[10].

Eine Einstufung als *Kraftfahrzeugtechnisches Kulturgut* wird außerdem in der deutschen Richtlinie für die Begutachtung von Oldtimern nach §23 StVZO als Kriterium für die Zulassung von historischen Fahrzeugen mit H-Kennzeichen und im öffentlichen Straßenverkehr benannt[11].

Historische Fahrzeuge können grundsätzlich Kulturgüter sein, denn sie hatten wichtigen Einfluss auf die soziale, kulturelle, technologische, industrielle und wirtschaftliche Entwicklung ihrer Zeit. Dabei spielen nicht nur technische Parameter eine Rolle, sondern ebenfalls das Design, die Materialien und die angewendeten Produktionsprozesse sowie die Veränderungen der Gesellschaft durch die Benutzung von Fahrzeugen oder auch historische Besonderheiten wie eine mit bestimmten Ereignissen, Personen oder Landschaften verbundene Gebrauchsgeschichte. Dies gilt ebenfalls für besondere, im Laufe der Gebrauchsphase vorgenommene Umbauten oder Umnutzungen, die ein Spiegel ihrer Zeit sind.

**Beispiele** ■ Fahrzeuge mit innovativer technischer Konstruktion wie frühe Elektromobile, Wankelmotor, Antiblockiersystem

■ Fahrzeuge wie der Ford T, die die heutige Massenmotorisierung und Massenproduktion angestoßen haben

■ Nutzfahrzeuge und Transportfahrzeuge, die den nationalen und internationalen Handel verändert haben

■ Ikonen der Jugendkultur wie ein Hippie-VW-Bus oder Lowrider wie der 1964er Chevrolet Impala »Gypsie Rose«[12]

■ Kleinstwagen wie BMW Isetta oder Goggomobil als Motor des Wirtschaftswunders

■ landwirtschaftlich genutzte Fahrzeuge wie Lokomobile oder Bulldogs der Firma Lanz, die die Agrarwirtschaft nachhaltig verändert haben

■ militärische Fahrzeuge wie der Willys Jeep und gepanzerte Fahrzeuge (etwa der Autoblindé von Peugeot oder der Sherman-Panzer), die die Kriegsführung seit dem Beginn den 20. Jahrhunderts geprägt haben

Andere relevante Parameter können die Nutzung eines individuellen Wagens in einem historischen oder künstlerischen Zusammenhang und/oder durch einen prominenten Besitzer sein.

**Beispiele** ■ der Porsche 550, in dem James Dean verunglückt ist

■ der DeLorean DMC-12, der im Film »Zurück in die Zukunft« als Requisit gedient hat

*Motorfahrzeuge haben unsere Wirtschaft und unsere Art zu leben nachhaltig verändert, etwa durch die Möglichkeit, Güter schnell und flexibel zu transportieren.*[58]

Auch zeitgenössische Veränderungen wie die Umrüstung eines Fahrzeuges auf Holzvergaser oder eine Verwendung als mobile Bandsäge können wichtige Zeugnisse der Zeitumstände und Geschichte darstellen.

**Beispiele** ■ Citroën C4A Baujahr 1930, der 1952 zu einer mobilen Bandsäge umgebaut wurde. Diese Modifikation ist ein historisch interessantes Zeugnis der prekären wirtschaftlichen und sozialen Situation nach dem Zweiten Weltkrieg[13].

*Auch einfache, quasi in Serie gefertigte Alltagsgegenstände können wichtige Sachquellen für die Kultur und Lebensumstände früherer Gesellschaften sein.*[59]

## Quelle, Sachquelle

Als Quelle bezeichnet man Texte, Gegenstände oder auch gesicherte mündliche Überlieferungen, aus denen Kenntnis über die Vergangenheit gewonnen werden kann.

Sachquellen sind Gegenstände aus der Arbeitswelt, dem Alltag, der Kunst und der Technik, aus denen Informationen über die Vergangenheit gewonnen werden können. Dabei kann es sich um ein Bauwerk, eine Pfeilspitze, einen Pflug, ein Kleidungsstück oder ein Fahrzeug handeln.

Bei technischen Objekten wie Fahrzeugen gibt nicht nur der Gegenstand an sich Auskunft über den damals üblichen Stand der Technik oder technische Neuerungen. Vielmehr lassen die verwendeten Materialien, Bearbeitungs- und Werkzeugspuren erkennen, wie er hergestellt wurde und geben somit Einblick in die damalige Industrie- und Arbeitswelt. Veränderungen aus der *normalen Gebrauchsphase* geben uns heute Einblicke in die Umstände seiner Zeitepoche und die damaligen gesellschaftlichen Zusammenhänge.

Gebrauchsspuren erzählen von der Art und Weise, wie ein Fahrzeug benutzt wurde. Damit berichtet es im größeren Zusammenhang auch davon, welche wichtigen Entwicklungen die Nutzung von Fahrzeugen sowie die individuelle Mobilität in einer Gesellschaft und der Welt ausgelöst haben.

**Beispiele**
- die Entwicklung der individualisierten Massenmobilität, die das menschliche Zusammenleben und urbane Strukturen nachhaltig verändert hat

*Motorisierte Straßenfahrzeuge haben unseren Alltag, unsere Freizeitgestaltung und unsere gesamte Gesellschaft stark beeinflusst.*[60]

- die Entwicklung des Fließbandes, der Massenproduktion oder neuer Materialien für die Fahrzeugindustrie (zum Beispiel Treibstoffe, Metalllegierungen, Gummimischungen, Lacke), die die Produktion und den Konsum von vielerlei Gütern geprägt haben
- Entwicklungen rund um die Verkehrsregelung und -gesetzgebung (zum Beispiel Lichtsignalanlagen und ihre Schaltung, Parkuhren, Verkehrsleitzentralen, Geschwindigkeitskontrollen, Regelungen zur Fahrerlaubnis)
- Infrastrukturen rund um motorisierte Mobilität (Fabrikationsanlagen, Straßennetze, Parkhäuser, Tankstellen, Werkstätten, Händler, Schrottplätze)
- Veränderungen darin, wie Menschen ihre Freizeit und ihren Urlaub verbringen oder zur Arbeit pendeln (z. B. Wohn-Vorstädte, Autobahnraststätten, das Motel)
- Entwicklungen in Handel, Bauwirtschaft, Landwirtschaft und allgemeinem ökonomischem Wohlstand durch Nutzfahrzeuge (etwa beim Transport von Waren, Baufahrzeuge, Traktoren)
- Fortschritte für die Sicherheit in einer Gesellschaft (z. B. Feuerwehrfahrzeuge, Polizeifahrzeuge oder Krankenwagen)
- der Wandel der Kriegsführung durch den Einsatz von Motorfahrzeugen (z. B. Panzer und andere mobile Waffensysteme, Truppentransporter, mobile Versorgungseinheiten)

Ihr historischer Informationsgehalt und ihre gesellschaftlichen Auswirkungen machen Fahrzeuge zu einem Kulturgut.

## National wertvolle Kulturgüter[14]

Bereits zu Beginn des 20. Jahrhunderts wurde in zahlreichen Staaten erkannt, dass einige wenige historische Objekte so einzigartig und wertvoll für die Traditionen und die Kultur ihrer Herkunftsländer sind, dass ein »Ausverkauf« nach kommerziellen Vorstellungen einen großen Schaden für die betroffene Gesellschaft darstellen würde. Zum Schutz dieser seltenen und für die Gesellschaft als identitätsstiftend anzusehenden Objekte entstand 1913 das erste deutsche Kulturgutschutzgesetz.

Nicht nur im kulturhistorischen, sondern auch im juristischen Sinne sind historische Kraftfahrzeuge allgemein als Kulturgüter anerkannt[15], spätestens wenn sie die Prüfung nach §23 StVZO erfolgreich absolviert haben. Zwischen kraftfahrzeugtechnischen Kulturgütern mit einer erfolgreichen Prüfung nach §23 StVZO und einem im Sinne des Kulturgutschutzgesetzes als national wertvolles Kulturgut eingestuften historischen Fahrzeugs besteht jedoch ein elementarer Unterschied.

Im Wortlaut des Kulturgutschutzgesetzes müsste unter anderem nachgewiesen werden, dass ein Fahrzeug …

- besonders (sic) bedeutsam für das kulturelle Erbe Deutschlands, eines der Bundesländer oder einer seiner historischen Regionen und damit identitätsstiftend für die Kultur Deutschlands ist;
- und seine Abwanderung einen wesentlichen (sic) Verlust für den deutschen Kulturbesitz bedeuten würde und deshalb sein Verbleib im Bundesgebiet im herausragenden kulturellen öffentlichen Interesse liegt.

Vergleichbare Grundlagen betreffen auch alle Fahrzeuge, die sich im Bestand oder Eigentum eines öffentlich finanzierten Museums beziehungsweise einer ähnlichen öffentlich-rechtlichen, Kulturgut bewahrenden Einrichtung befinden. Das ist jedoch schon seit Jahrzehnten übliche Praxis und für private Besitzer oder den Fahrzeughandel nicht relevant.

Damit ist offensichtlich, dass nur ein extrem geringer Anteil der historischen Fahrzeuge von einer Einordnung als national wertvolles Kulturgut betroffen sein könnte. Stand Oktober 2019 ist in Deutschland kein Straßenfahrzeug im entsprechenden Verzeichnis eingetragen[16].

## Charta

In nichtstaatlichen Organisationen wie der FIVA dient eine Charta als Basisdokument und Leitlinie. Sie ist kein Gesetz, welches Dritte kraft Existenz bindet und verpflichtet, sondern ein auf internationaler Ebene vereinbartes Grundsatzpapier und eine Selbstverpflichtung auf gemeinsame Ziele.

Die Charta von Turin ist allerdings über die FIVA hinaus als Denkanstoß und Leitlinie zum Umgang mit historischen Fahrzeugen gedacht, an dem sich jeder Oldtimerenthusiast orientieren kann.

## Historisches Kraftfahrzeug

In der Charta von Turin bezieht sich dieser Begriff auf mechanisch angetriebene, nicht-schienengebundene Landfahrzeuge. Ein Fahrzeug gilt nach diesem Dokument als historisch, wenn es den Kriterien der Charta und den geltenden FIVA-Definitionen entspricht. International existieren verschiedene davon abweichende Definitionen, die in den einzelnen Staaten unterschiedlich juristisch verankert sind[17].

Historische Anhänger, Wohnwagen und Beiwagen, die nicht selbst angetrieben sind, werden als historisches Zubehör betrachtet und ebenfalls nach den oben genannten Gesichtspunkten eingeordnet.

## Oldtimer

Der englische Begriff Oldtimer ist bezogen auf historische Fahrzeuge eine Sinnverschiebung im des deutschsprachigen Raum und wird in diesem Sinn ausschließlich dort verwendet. Im Englischen hingegen steht das Wort für eine alte Person, insbesondere für einen alten Mann und wird nicht mit Fahrzeugen in Zusammenhang gebracht.

In Deutschland hat sich dieser Begriff jedoch etabliert und findet sich sogar als offizielle Definition im deutschen Zulassungsrecht.

Diese umfasst: »Fahrzeuge, die vor mindestens 30 Jahren erstmals in Verkehr gekommen sind, weitestgehend dem Originalzustand entsprechen, in einem guten Erhaltungszustand sind und zur Pflege des kraftfahrzeugtechnischen Kulturgutes dienen«[18].

*... ein echter amerikanischer »Oldtimer« ...*[61]

In ähnlicher Weise legt die FIVA für vergleichbare Objekte fest[19]:

- Ein historisches Fahrzeug ist ein mechanisch angetriebenes Fahrzeug,
- das mindestens 30 Jahre alt ist,
- das in einem historisch korrekten Zustand erhalten und gewartet wird,
- dessen Nutzung nicht auf täglichen Transport ausgerichtet ist und das wegen seines technischen und historischen Wertes bewahrt wird.

Solche Festlegungen einer nichtstaatlichen Organisation haben jedoch ohne legislative Übernahme[20] keine rechtliche Verbindlichkeit.

## Youngtimer

Auch dies ist eine Wortschöpfung aus dem deutschsprachigen Raum als Ableitung des Oldtimer. Ursprünglich stammt der Begriff aus dem Motorsport, um eine Fahrzeugklasse zu bilden, die zu jung für den historischen Motorsport ist, jedoch bereits zu alt, um in jeweils aktuellen Rennklassen mitfahren und bestehen zu können.

Ein Status als Youngtimer wurde bisher weder gesetzlich geregelt noch über Verbände verbindlich festgelegt. Die Diskussion zu diesem Begriff ist noch nicht abgeschlossen[21]. Es hat sich jedoch eingebürgert, darunter Fahrzeuge zu verstehen, die zwischen 20-29 Jahre (also noch keine 30 Jahre) alt sind, gemessen an ihrer ursprünglichen Verbreitung jedoch bereits weitgehend aus dem Straßenbild verschwunden sind. Sie haben ihre übliche Gebrauchsphase somit überstanden, und die Phase des bewussten Erhalts beginnt. Die Schwelle vom Alltagsauto zum Liebhaberfahrzeug und damit zur Sammlungsphase ist dann bereits überschritten.

## Hersteller

Hersteller ist diejenige natürliche oder juristische Person, die ein Produkt entwickelt und herstellt oder herstellen lässt, dieses Produkt unter eigenem Namen bzw. eigener Marke verantwortlich vermarktet und von den Zulassungsbehörden als Hersteller registriert wird.

Bei Fahrzeugen ist Hersteller normalerweise das für den Zusammenbau oder auch für das zusammenführen von Komponenten und Teilen verantwortliche Unternehmen. Dabei handelt es sich üblicherweise gleichzeitig um diejenige Person/die Firma, die die Markenrechte und die Rechte am Design eines Fahrzeugmodells besitzt.

Mit Blick auf Typgenehmigungsverfahren sei darauf hingewiesen, dass der Hersteller nicht zwingend der Produzent des Genehmigungsobjektes sein muss. Gemäß Richtlinie 2007/46/EG ist er (nach europäischer Rechtsvorgabe) vielmehr die Person oder Stelle, die gegenüber der Genehmigungsbehörde für alle Belange des Typgenehmigungs- oder Autorisierungsverfahrens verantwortlich ist.

In einigen Fällen ist es möglich, dass einander weitestgehend entsprechende Modelle unter der Verantwortung von verschiedenen Herstellern zusammengebaut werden, beispielsweise wenn mehrere internationale Produktionsstätten und -partner das jeweilige Modell herstellen.

**Beispiele** ■ Ford Model A, gefertigt in Detroit, und Ford Model A, gefertigt zur selben Zeit in Köln. Beide Fahrzeuge tragen den gleichen Markennamen (Ford) und die selbe Modellbezeichnung (Model A), wurden jedoch unter der Verantwortung unterschiedlicher Hersteller (Ford Motor Co. Detroit und Ford Motor Company Aktiengesellschaft Köln) zusammengebaut. Dabei wurden teilweise unterschiedliche Zulieferteile und partiell abweichende Komponenten verarbeitet, so dass sich Fahrzeuge aus Köln und Detroit in ihrer Konfiguration immer leicht unterschieden haben.

## Nachbauer

Ein Nachbauer ist, im Gegensatz zum ursprünglichen Hersteller, die Person oder das Unternehmen, welche(s) ein Fahrzeug produziert, das die gebaute Kopie eines historischen Fahrzeuges darstellt, ohne dabei über die entsprechenden Markenrechte zu verfügen. Der Nachbauer wird in Bezug auf dieses eine Fahrzeug selbst zum Hersteller und wird (bei einer positiven Prüfung im Rahmen der Anforderungen des Zulassungsrechts) in den Fahrzeugpapieren entsprechend als Hersteller eingetragen.

## Der Moment der Herstellung, bzw. der herstellungszeitliche Zustand

Der sogenannte herstellungszeitliche Zustand ist nur eine kurze Momentaufnahme im Leben eines Fahrzeuges. Sobald es in Betrieb genommen wird, entstehen individuelle Veränderungen durch Abnutzung, Reparaturen oder Änderungen in Technik und Design. Auf diese Weise beginnen die ursprünglich mehr oder weniger identischen Vertreter einer Fahrzeugserie[22] sich langsam aber sicher voneinander zu unterscheiden. Die ursprünglich »geklonten Massenprodukte« zeigen mit der Zeit individuelle Parameter, die ihre eigene Geschichte widerspiegeln.

Dies gilt um so mehr für manuell gefertigte automobile Einzelstücke, die schon von Geburt an handwerkliche Abweichungen gegenüber Schwesterfahrzeugen, individuelle technische Auslegungen oder ein einzigartiges Design zeigen.

Veränderungen entstehen sogar dann, wenn ein Fahrzeug direkt nach der Fertigstellung sicher eingelagert und nicht gefahren wird. In solchen Fällen laufen Alterungsprozesse im Material zwar langsamer ab, und es gibt keinen Verschleiß durch die Benutzung, stattdessen entstehen aber vermehrt Standschäden. Das führt langfristig dazu, dass sich ein solches Fahrzeug zum nicht mehr benutzbaren »Stehzeug« entwickelt.

## Die Gebrauchsphase oder die Phase des normalen Gebrauchs

Die Gebrauchsphase ist die Zeitspanne, in der ein Gegenstand bzw. ein Fahrzeug als normaler Gebrauchsgegenstand benutzt wird – beginnend mit dem Datum, an dem es in Gebrauch genommen wurde. Ein Fahrzeug wird in dieser Zeit normal gewartet, an veränderte Gegebenheiten und Nutzungsabsichten angepasst und mit Reparaturen instand gehalten. Es verliert durch Alter und zunehmende Abnutzung langsam an monetärem Wert und wird als mehr oder weniger gut erhaltener Gebrauchtwagen gehandelt. Die in dieser Phase erfolgten Veränderungen sind wichtige Quellen der Fahrzeug-, Nutzungs- und Zeitgeschichte und gehören zum historischen Original bzw. historischen Bestand.[23]

Bezogen auf die individuellen Nutzungsumstände eines Fahrzeuges kann die normale Gebrauchsphase in der Realität auch länger als die 10 bzw. 15 Jahre andauern, die beispielsweise im deutschen gesetzlichen Kontext als übliche Nutzungsdauer formal angenommen werden (siehe Abschnitt *übliche Nutzungsdauer*).[24]

Dies muss berücksichtigt und auf Basis der unten genannten individuellen Indikatoren bewertet werden (siehe *Phase der Vernachlässigung* und *Sammlungsphase*).

*Auch wenn sie in industrieller Massenproduktion hergestellt werden, sind Fahrzeuge aus einer Serie nur für einen kurzen Augenblick nach ihrer Fertigstellung wirklich gleich in ihren Komponenten, Erhaltungszuständen und technischen Parametern.*[62]

**Beispiele**

- kubanische Taxen, deren normale Gebrauchsphase bis heute ununterbrochen andauert[25]. Sie werden in sehr pragmatischer Weise repariert oder beispielsweise mit russischen Ersatzteilen versehen und so für ihren alltäglichen Einsatz funktionsfähig gehalten. Dies ist Ausdruck der speziellen wirtschaftlichen Situation in Kuba und damit ein Dokument der dortigen Kulturgeschichte.
- Fahrzeuge mit einem Alter von mehr als 30 Jahren, die auch weiterhin als normale Alltagsfahrzeuge und ohne H-Kennzeichen bewegt werden

## Die Phase der Vernachlässigung

Am Ende der normalen Gebrauchsphase wird ein Fahrzeug meist als unmodern, beschädigt oder nicht mehr brauchbar ausgemustert. Zu diesem Zeitpunkt ist der ursprüngliche Bestand also stark dezimiert, weil viele Fahrzeuge verschrottet oder exportiert werden. Fahrzeuge, die dann ohne schützende Maßnahmen einfach weggestellt werden, entwickeln in dieser Phase häufig gravierende Standschäden und Substanzverluste. Dies wird als *Phase der Vernachlässigung* oder auch als *Phase des Vergessens* bezeichnet. Damit endet das Leben des normalen Gebrauchtwagens.

*Links oben und darunter: Dieser VW Käfer wurde seit 1955 bis in die 2010er-Jahre von seinem Besitzer kontinuierlich als normales Fahrzeug zugelassen und befand sich damit immer noch in der normalen Gebrauchsphase.*[63]

## Die Sammlungsphase

Überlebt ein Fahrzeug die *Phase des Vergessens*, ist es möglich, dass es nach gewisser Zeit wiederentdeckt und wieder in Betrieb gesetzt wird. Dies geschieht dann jedoch in den meisten Fällen nicht im Sinne eines normalen Gebrauchsgegenstandes, sondern als besonderes Objekt, als Sammlerstück oder ein auf andere Art emotionsgeladener Gegenstand. Dies führt u. a. dazu, dass ...

- diese nun seltenen Fahrzeuge mit der Zeit wieder an monetärem Wert gewinnen können, so dass ihr Preis dann sogar höher liegen kann als ihr ursprünglicher Neupreis;
- zu ihrer Fahrbereithaltung oder Restaurierung ein hoher Aufwand betrieben wird, der nicht im rationalen oder wirtschaftlichen Verhältnis zum Handelswert eines entsprechenden Gebrauchtwagens oder zum Nutzwert steht;
- bei ihrer Zulassung, Versicherung und aktiven Nutzung im öffentlichen Straßenverkehr spezielle Regelungen gelten können, die sie von normalen Transportmitteln abgrenzen[26];
- manche dieser Fahrzeuge möglicherweise aus ihrem ursprünglichen, automobilen Kontext herausgenommen und als rein statische Ausstellungsstücke in einem Museum präsentiert werden.

*Links unten: VW Käfer, Baujahr 1952, in der Phase der Vernachlässigung*[64]

Jedes dieser Phänomene ist ein klares Indiz dafür, dass sich ein Fahrzeug nicht mehr in der normalen Gebrauchsphase befindet, auch wenn es in den meisten Fällen weiterhin zum Fahren benutzt wird.

Eine aufwändige Restaurierung, wie sie in der Sammlungsphase erfolgen kann, zeigt deutlich, dass das Fahrzeug nun anders gesehen und behandelt wird als ein normaler Gebrauchtwagen.[65]

Veränderungen aus der *Sammlungsphase* gehören nicht zum *historischen Original/historischen Originalzustand*.

Ob sie möglicherweise irgendwann wichtig für die (fortlaufende) Fahrzeughistorie der Sammlungszeit sein können, kann erst mit entsprechendem zeitlichen bzw. historischen Abstand bewertet werden.

## Herstellungszeitlich, ursprünglich, Auslieferungszustand

Derjenige Zustand und diejenigen Komponenten, die bei der Auslieferung/Herstellung vorhanden waren.

Die *herstellungszeitlichen Bauteile und Konfiguration* eines Fahrzeuges sind nur exakt diejenigen, die bei seiner Herstellung vorhanden waren (also im erweiterten Sinne von *matching numbers*).

*Bauteile aus der Herstellungszeit des Fahrzeuges* sind Teile, die der ursprünglichen Spezifikation des Fahrzeuges entsprechen, jedoch von anderen Fahrzeugen derselben Zeit stammen. Dasselbe gilt für aus damaliger Produktion stammende Ersatzteile.

Bei Bauteilen im herstellungszeitlichen Stil handelt es sich um mehr oder weniger genaue Kopien von Komponenten der Herstellungszeit, die zu einem späteren Zeitpunkt angefertigt wurden, beispielsweise als heute nachgefertigtes Ersatzteil für ein defektes Bauteil aus der Herstellungszeit des Fahrzeuges.

## Original, gebrauchszeitlich, zeitgenössisch

Dies umfasst diejenigen Bauteile, Spuren und alle Veränderungen, die aus der normalen Gebrauchsphase des jeweiligen Fahrzeuges oder Gegenstandes stammen[27], somit alle Komponenten oder Konfigurationen, die bereits bei der *Auslieferung* vorhanden waren plus die *Modifikationen aus der Gebrauchsphase.* Alle diese Komponenten und Zustände gehören nach kulturhistorischer Lesart zum *Original*, teilweise auch bezeichnet als *historisches Original*. Dieses kann also verschiedene Phasen mit unterschiedlicher Konfiguration und unterschiedlichem Design umfassen.

Damit sind jedoch nur die tatsächlich aus diesem Zeitraum stammenden Phänomene, Konfigurationen und Formen gemeint. Nicht als zeitgenössisch gelten dagegen spätere Veränderungen, die mehr oder weniger genau im zeitgenössischen Stil ausgeführt wurden oder werden (dazu siehe die Abschnitte *authentisch* und *Special*)[28].

## Authentisch, originalgetreu, historisch korrekt

Authentisch, originalgetreu oder historisch korrekt sind diejenigen Veränderungen, Ersatzteile, Reparaturen oder Restaurierungen, die in der Sammlungsphase erfolgt sind (also nach der normalen Gebrauchsphase) und gebrauchszeitlichen Komponenten, Konfigurationen und Gestaltungen entsprechen oder diese nachbilden. Das heißt also: ersetzte Verschleißteile, nach historischem Vorbild überarbeitete Oberflächen (wie etwa eine Neulackierung nach historischem Vorbild), Reparaturen nach historischem Vorbild, restaurierte Bereiche, die entsprechend der historischen Teile kopiert und eingefügt wurden.

**Beispiele**

- der Austausch eines nicht mehr funktionssicheren Kabelbaumes durch eine Kopie dieser Verkabelung mit den dem Original so weit wie möglich entsprechenden Materialien
- Anstelle eines zerstörten oder fehlenden Motorblocks wird ein in Spezifikation, Form und Material entsprechender Nachguss als Kopie eingefügt.

Dies umfasst jedoch keine Veränderungen der technischen Spezifikationen, der Form und des charakteristischen Fahrverhaltens gegenüber dem *gebrauchszeitlichen Zustand* des jeweiligen Fahrzeuges (dazu siehe *Specials* und *modifiziert außerhalb der Gebrauchsphase*).

Der Begriff *authentisch* darf ebenfalls nicht angewendet werden für Veränderungen oder Bearbeitungen, die in der Gebrauchszeit lediglich möglich gewesen wären, am individuellen Wagen damals aber nicht vorgenommen worden sind.

**Beispiele**

- Nicht in die Kategorie *authentisch* fällt beispielsweise der Einbau eines Kompressors nach der eigentlichen Gebrauchszeit, wenn zeitgenössisch in dem betreffenden Fahrzeug keiner vorhanden war. Das gilt sogar dann, wenn es sich dabei um ein historisches Bauteil handelt, das in der Gebrauchszeit erhältlich war und zum Beispiel aus einem anderen zeitgenössischen Fahrzeug gleichen Modells oder historischen Lagerbeständen stammt. Hierbei handelt es sich stattdessen um eine Art historisierendes Tuning, weil es eine Veränderung darstellt, die tatsächlich außerhalb der Gebrauchsphase stattgefunden hat.

## Echt und Fälschung

Grundsätzlich ist jedes Fahrzeug, das materiell existiert, *echt*. Wichtig ist vielmehr die Frage, ob es richtig bezeichnet wird, also ob ein Fahrzeug auch tatsächlich das Fahrzeug ist, das es vorgibt zu sein. Entscheidend ist, ob es sich um dasjenige Fahrzeug handelt, das mit der betreffenden Identität vom jeweiligen Hersteller produziert und in den Rechtsverkehr entäußert worden ist. Damit ist ein Fahrzeug dann *echt*, wenn es mit der Identität be-

*Das als »Mona Lisa« von Leonardo da Vinci bekannte Gemälde (fertig gestellt 1506) ...*[66]

*... und die etwa dreimal so große, nachgefertigte Version eines Malers aus der chinesischen Kopisten-Hochburg Dafen.*[67]

zeichnet wird, die der ihm juristisch zugeordneten Chassis-Nummer, FIN (Fahrzeugidentifizierungsnummer) oder anderen anerkannten Identifizierungen entspricht. Dies gilt auch für Nachbauten oder Replikas. Sie sind dann *echt*, wenn sie nicht unter Nennung des nachgeahmten Fahrzeuges bezeichnet werden, sondern gemäß ihrer Identität als solche klar benannt und eindeutig als Kopie mit dem Baujahr ihrer Entstehung gekennzeichnet werden.

*Grundlage ist: Es darf keine Vermehrung und keine beliebige Übertragung von ursprünglichen, historischen Identitäten geben.*

*Nachbauten*, *Replikas* oder *Specials* werden zur *Fälschung*, wenn ihnen eine fremde (möglicherweise historische) Identität oder die Geschichte eines anderen Fahrzeuges angedichtet wird und sie bewusst oder mit stillschweigender Billigung mit dieser Legende bezeichnet, benannt oder vermarktet werden.

Es ist dabei sehr wichtig, zwischen der *juristischen Echtheit* und der *materiellen Originalität* eines Fahrzeuges zu unterscheiden. So bezieht sich die Frage, ob ein Fahrzeug echt ist auf seine korrekte Identität. Das heißt darauf, ob es sich bei dem vorliegenden Fahrzeug im juristischen Sinne um dasjenige handelt, dessen Identität es in Anspruch nimmt. Grundlage dafür ist heute im Normalfall, dass die Identität eines Fahrzeuges durch seine herstellungszeitliche Chassis-/Rahmennummer beziehungsweise FIN festgelegt ist.

Es gibt also Fahrzeuge, die nachweislich echt sind (das heißt: bei ihnen liegt eine ungebrochene historische Kontinuität ihrer rechtlichen Identität inklusive der dafür legal ausschlaggebenden Komponenten vor), gleichzeitig enthalten sie aber kaum noch originale Bauteile, Materialien oder Zustände aus ihrer Herstellungs- und Gebrauchsphase.

Andererseits kann eine große Anzahl von original erhaltenen, sogar im Sinne von *matching numbers* zusammengehörigen historischen Komponenten in einem Fahrzeug vorhanden sein, allerdings ohne die korrekten, rechtlich identitätgebenden Bauteile (in der Regel der Rahmen bzw. das Chassis). Dabei mag die Substanz in der Summe originaler sein als im erstgenannten Fall, dieses Fahrzeug kann jedoch ohne das entsprechende Chassis (das juristisch für eine Identität ausschlaggebende Bauteil) nicht in die legale Nachfolge desjenigen Fahrzeuges eintreten, von denen die technischen Komponenten stammen.

*Dieser von der englischen Firma Wolseley/Teal konstruierte Nachbau eines Bugatti T35 ist ein echter Teal mit eigener Geschichte und eigener Fangemeinde, solange er nicht beispielsweise mit Plaketten, Firmenlogos, Erzählungen oder sogar falschen Dokumenten zum Bugatti erklärt werden soll.*[68]

**Beispiele** ■ Zwei vergleichbare Fahrzeuge des Modells Mercedes-Benz 300 SL (W 198, »Flügeltürer«) sind beide juristisch gesehen echt (haben jeweils also eine korrekt nachgewiesene Identität), einer der beiden Wagen ist jedoch mit deutlich mehr originaler Substanz erhalten als der andere[29].

■ Ein Pur Sang Bugatti-Nachbau aus dem Jahr 2009 bleibt so lange echt, wie er als »Pur Sang Baujahr 2009« kommuniziert, gezeigt und gehandelt wird. Die Behauptung jedoch, es handele sich dabei um einen Bugatti Typ 35 mit Baujahr 1929, möglicherweise unter »Kaperung« einer entsprechenden historischen Chassisnummer, macht diesen Wagen zu einer *Fälschung*.

■ Wagen wie der heute im Technik Museum Speyer ausgestellte *Special* des Mercedes-Benz 500K (W 29) mit Stromlinienkarosserie (die Vorlage wurde 1935 gestaltet von Erdmann & Rossi für den irakischen König) müssen angesehen werden als eine spätere Nachempfindung auf einem fremden, wenn auch baugleichen Chassis. Das Chassis allein gibt die Identität dieses *Specials* vor. Das heißt, er kann nie den Platz des heute

Dieser Special folgt der Form und Bauweise eines Erdmann-&-Rossi-Stromlinienwagen von 1935, wurde aber auf dem Rahmen eines anderen Mercedes-Benz 500K gebaut. Er wird also niemals an die Stelle des echten Wagens des irakischen Königs treten können. Stattdessen wird er immer die Identität des zugrundeliegenden Chassis tragen, auf dem ursprünglich eine völlig andere Karosserie montiert war. Man könnte dieses Fahrzeug auch als Tribute Car bezeichnen.[69]

verschollenen Fahrzeuges von 1935 einnehmen, sondern wird immer die Identität des tatsächlich zugrunde liegenden historischen Chassis tragen.

## Scheunenfund

Dieser Begriff taucht in den letzten Jahren häufiger bei der Beschreibung von Fahrzeugen auf, die ohne Veränderungen oder Bearbeitung aus der Phase des Vergessens wieder an das Licht der Öffentlichkeit gebracht werden. *Scheunenfund* ist also keine klar umrissene Zustandsbeschreibung, sondern eine Umschreibung für *unberührt, wie aufgefunden*. Allerdings sind in den letzten Jahren auch teilweise kunstvoll auf unberührt zurechtgemachte Fahrzeuge unter dieser Bezeichnung auf dem Markt aufgetaucht.

Umgangssprachlich suggeriert diese Bezeichnung einen Zustand von besonderer historischer Originalität. Dabei muss jedoch bedacht werden, dass solche Fahrzeuge durch weniger gute Aufbewahrungsbedingungen in der Phase des Vergessens häufig stark verändert wurden: Meist sind die technischen Komponenten darum nicht mehr funktionsfähig und/oder unvollständig und Bauteile durch Korrosion, Feuchtigkeit, Schimmel, Schädlinge oder andere Einflüsse mehr oder weniger beeinträchtigt oder zerstört. Aufgrund der lagerungsbedingten Veränderungen und Standschäden ist der als besonders pittoresk empfundene, verfallene *Scheunenfund-Zustand* teilweise ebenso weit vom authentischen, funktionsfähigen Fahrzeug der Gebrauchsphase entfernt wie ein überrestauriertes Fahrzeug – nur eben mit ganz anderen Vorzeichen.

Scheunenfunde, die tatsächlich seit dem Zeitpunkt, an dem sie weggestellt und vergessen worden sind, nicht verändert wurden, können trotz ihres deutlichen Zerfalls und den aus einer langfristigen Vernachlässigung entstandenen Schäden wichtige Referenzobjekte sein. An ihnen können in vielen Fällen die ursprünglichen Produktionsprozesse, historische Materialien und viele andere Details nachvollzogen werden, die bei späteren sammlungszeitlichen Bearbeitungen häufig bereits verloren gegangen sind.

**Beispiele**

- der »Bugatti aus dem See« (ein Bugatti Brescia Typ 22 Baujahr 1925, der 2009 aus dem Lago Maggiore geborgen wurde und heute Teil der Sammlung Mullin) ist
- die Fahrzeuge der Sammlung Baillon vor ihrer Versteigerung 2015

Die von *Scheunenfunden* aktuell teilweise erzielten unerwartet hohen Verkaufspreise, zum Beispiel bei der Versteigerung der Sammlung Baillon 2015, kommen meist zustande, weil der emotionale Aspekt des Erscheinungsbildes durch eine entsprechende Inszenierung vom eigentlichen Fahrzeug und seinem Erhaltungszustand losgelöst wird[30]. Hier sind Mechanismen wirksam, die ähnlich bei

*Detra Modell 4/14 Kabriolett Baujahr 1927/28 im Scheunenfund-Zustand*[70]

der Vermarktung von Kunstwerken vorkommen und ein angeblich zu erzielender »Mehrwert« solcher Fahrzeuge kann nicht pauschal über Marken und Modelle hinweg verallgemeinert werden.

Wird ein *Scheunenfund* allein technisch wieder instandgesetzt, die verwitterten Komponenten der Karosserie und der Innenausstattung aber im Fundzustand belassen, birgt dies aus der Perspektive der Charta von Turin zwei entscheidende Probleme:

Einerseits wird ein solches Fahrzeug dadurch sehr stark »auseinander restauriert«, denn die äußerlich sichtbaren Standschäden und Verwitterungen sind mit dem Verlust der Fahrfähigkeit historisch verbunden.

Wird ein solches Fahrzeug also einfach wieder in Betrieb gesetzt, erhält man eine Art »Zombie« oder »fahrenden Leichnam« ohne in sich stimmige historische Aussage (siehe auch Abschnitt *Patina*).

Andererseits führt die Inbetriebnahme eines Fahrzeuges mit deutlich geschwächter Karosserie, abblätternder Lackierung oder zerrissener Innenausstattung unweigerlich zu einem schnellen Verschleiß der noch vorhandenen historischen Substanz und innerhalb von kurzer Zeit zu tief gehenden, irreversiblen Zerstörungen.

**Beispiele** ■ Der Maserati A6G Gran Sport Frua von 1956, sowie andere Fahrzeuge aus der Sammlung Baillon[31]

## Herstellungszeitliche Spezifikationen

Hierbei handelt es sich um die allgemeine serienübliche Ausstattung des entsprechenden Fahrzeugmodells, inklusive aller für diesen Fahrzeugtyp ab Werk angebotenen Optionen.

## Matching numbers

Der Status *matching numbers* setzt die numerische oder alphanumerische Übereinstimmung aller in den Produktions- oder Auslieferungspapieren aufgeführten und gekennzeichneten Bauteile mit den aktuell im Fahrzeug vorhandenen Bauteilen voraus. Umgangssprachlich wird aber häufig bereits die Übereinstimmung von Fahrgestellnummer und Motornummer als »matching-numbers« bezeichnet.

## Spezifikationen der Gebrauchsphase des Fahrzeuges, gebrauchszeitliche Spezifikationen

*Grundprinzip: Diese Begriffe meinen die zeitliche Einordnung von Konfigurationen am Fahrzeug.*

Der zentrale Punkt ist also, dass die entsprechenden Konfigurationen tatsächlich in der Gebrauchsphase des fraglichen Fahrzeuges vorhanden waren. Das heißt, sie wurden nicht später in möglicherweise historisierendem Stil oder mit historischen Teilen zum individuellen Fahrzeug hinzugefügt. Ist dies beispielsweise im zulassungsrechtlichen Zusammenhang relevant, obliegt ein entsprechender Nachweis dem Besitzer.

Gebrauchszeitliche Spezifikationen sind diejenigen technischen und gestalterischen Spezifikationen, die das jeweilige Fahrzeug in der Phase seines normalen Gebrauchs hatte. Diese kann auch mehrere unterschiedliche Phasen mit unterschiedlichen Parametern beinhalten, wenn das Fahrzeug in dieser Zeit mehrfach modifiziert wurde. Diese Phasen müssen differenziert betrachtet und einzeln beschrieben werden (siehe Abschnitt *historischer Bestand*).

## Modifikationen aus der Gebrauchsphase

*Grundprinzip: Bei Modifikationen aus der Gebrauchsphase handelt es sich um eine zeitliche Einordnung von Veränderungen am Fahrzeug.*

Zentraler Punkt ist also, dass die entsprechenden technischen und gestalterischen Veränderungen auch tatsächlich während der Gebrauchsphase an diesem (und genau diesem) Fahrzeug ausgeführt und abgeschlossen wurden. Das heißt, sie wurden nicht später in möglicherweise historisierendem Stil oder mit historischen Teilen dort ausgeführt. Ist dies beispielsweise im zulassungsrechtlichen Zusammenhang relevant, obliegt ein entsprechender Nachweis dem Besitzer.

Dazu gehören neben individuell gestalteten Umbauten auch Konstruktionen, die Herstellervorgaben folgend ausgeführt wurden. Dies betrifft beispielsweise Umbauten zum Bestattungsfahrzeug oder Aufbauten, die für Feuerwehr, Polizei, Militär usw. erstellt worden sind.

Modifikationen aus der Gebrauchsphase können auch mehrere unterschiedliche Phasen mit unterschiedlichen Parametern beinhalten, wenn das Fahrzeug in dieser Zeit mehrfach modifiziert wurde. Solche Phasen sollten differenziert betrachtet und beschrieben werden (siehe Abschnitt *historischer Bestand*).

Entscheidend für diese zeitliche Einordnung ist, dass die entsprechenden Konfigurationen tatsächlich bereits während der Gebrauchsphase am individuellen Fahrzeug vorhanden waren bzw. eingerüstet wurden (siehe Abschnitte *Modifikationen aus der Gebrauchsphase* und *original*). In der Gebrauchsphase erfolgte Veränderungen können wichtige

*Modifikationen, die tatsächlich aus der Gebrauchsphase stammen wie diese Umrüstung eines Pkw auf Holzgasantrieb, können wichtige Zeugnisse der Gesellschaft und der Lebensumstände sein.*[71]

Informationen über technische, soziale, wirtschaftliche und politische Entwicklungen dieser Phase sowie die damaligen Zeitumstände geben. Solche Modifikationen können damit wichtige Quellen der Nutzungs- und Zeitgeschichte sein und gehören nach dem Verständnis des Kulturgutschutzes zum *historischen Original*[32].

## Sammlungszeitliche Veränderungen, modifiziert außerhalb der Gebrauchsphase

*Grundprinzip: Bei sammlungszeitlichen Veränderungen handelt sich um eine zeitliche Einordnung von Veränderungen am Fahrzeug.*

Zentraler Punkt ist also, wann eine Veränderung durchgeführt wurde, und nicht, in welchem – möglicherweise historisierenden – Stil sie ausgeführt wurde.

Es handelt sich um Eingriffe und Veränderungen an Form, technischen Komponenten und charakteristischem Fahrverhalten, die außerhalb der normalen Gebrauchszeit und nicht auf der Basis von Belegen aus der Gebrauchsphase des einzelnen Fahrzeuges vorgenommen wurden.

Dies umfasst ebenfalls Veränderungen unter Verwendung von historischen technischen Komponenten, die in der Gebrauchszeit am individuellen Wagen nicht vorhanden waren.

**Beispiele**

- spätere Modifikationen der Karosserie, abweichend von der gebrauchszeitlichen Ausführung des individuellen Wagens (auch wenn diese im Stile der Gebrauchszeit ausgeführt werden, siehe auch Abschnitt *Special*)
- die Nachrüstung mit einem Kompressor aus historischem Bestand, wenn das fragliche Fahrzeug in der Gebrauchszeit nicht mit einem solchen Aggregat ausgestattet war

Hier ist unter aktuellen zulassungsrechtlichen Gesichtspunkten des bundesdeutschen Rechts zu unterscheiden zwischen:

- Veränderungen außerhalb der normalen Gebrauchsphase, aber ausgeführt vor mindestens 30 Jahren. Diese haben inzwischen eine eigene historische Grundlage, bezogen auf das Datum ihrer Ausführung. Das Fahrzeug kann einer erfolgreichen Prüfung nach §23 StVZO unterzogen werden, wenn die Änderungen damals gesetzeskonform durchgeführt wurden und amtlich dokumentiert sind.
- modernen Veränderungen außerhalb der Gebrauchsphase, die noch keine 30 Jahre zurück liegen. Diese werden (noch) nicht als historisch betrachtet. Sind die Veränderungen substanziell, beginnt die Frist von 30 Jahren neu zu laufen und das Fahrzeug kann vorher eine (möglicherweise sonst erfolgreiche) Prüfung nach §23 StVZO nicht bestehen.

Aktuelle Veränderungen an historischen Fahrzeugen mit bestehendem H-Kennzeichen können unter Umständen sogar zum Verlust des H-Kennzeichens führen, beispielsweise bei Verwendung von technischen Komponenten, die in der Gebrauchszeit noch nicht verfügbar oder zulässig waren,also bei einem Tuning mit jüngeren Komponenten (dazu siehe auch Abschnitt *Renovierung*).

# Begriffe zu Erhaltungszuständen und altersbedingten Veränderungen von historischen Materialien

**Grundsatz:** *Die Kerndefinitionen der einzelnen Phänomene können klar beschrieben werden, die Übergänge dazwischen können jedoch teilweise fließend sein*[33].

## Neuwertig

Ohne feststellbare Alterungs- oder Gebrauchsspuren.

## Patina

Veränderungen, die sich als Folge des normalen Gebrauchs, der normalen Wartung, entsprechend der normalen Alterung der Materialien und als Spuren von normaler Pflege an und in den zum Fahrzeug gehörenden Materialien bilden[34].

**Beispiele**

- Anlaufen von Metallen
- Polierspuren auf Lacken oder anderen Oberflächen
- Ausbleichen von Textilien, Gilben
- Verspröden und Bildung von Rissen bei Beschichtungen
- Abnutzungsspuren durch den normalen Gebrauch

In diesem Zusammenhang wird umgangssprachlich häufig behauptet, dass man die Patina erhalten müsse. Dies ist jedoch ein Missverständnis. Im Sinne der Charta von Turin geht es nicht darum, »pittoreske« Altersspuren zu bewahren oder gar hervorzuheben, sondern die *historische Substanz* an sich, die gegebenenfalls solche Altersspuren zeigt, soll möglichst geschützt und erhalten bleiben. Es handelt sich dabei also nicht um eine pauschale »Verehrung des Zerfalls«, sondern um eine bewahrende Grundhaltung gegenüber den zu einem historischen Fahrzeug gehörenden Komponenten und Materialien.

## Patinaeffekte

Oberflächenerscheinungen, die die Optik von gealterten Materialien nachahmen, aber künstlich erzeugt und bewusst aufgetragen worden sind. Weniger genau und teilweise missverständlich ist dagegen der umgangssprachliche Begriff *künstliche Patina*, da er eine Vergleichbarkeit solcher Behandlungen mit tatsächlich aus der Geschichte des Fahrzeuges entstandenen Veränderungen suggeriert.

Häufig finden sich unter solchen Bearbeitungen moderne Materialien (z. B. moderne 2K Lackschichten), die bei ihrer normaler Alterung eine völlig andere Optik ausbilden. Solche Flächen sollten

*Oben links: Spuren des normalen Gebrauchs am Alfa Romeo Rennwagen von Gastone Graf Brilli-Peri, 1925 beim Großen Preis von Italien*[72]

*Oben rechts: Patinaeffekte auf der Oberfläche eines Ballot 3/8 LC, der nach Angaben des Besitzers aus dem Jahr 1920 stammt*[73]

im Sinne der Charta von Turin auf jeden Fall genau dokumentiert werden, um (je nach Art und Ausführung) nicht in die Nähe einer absichtlichen Fälschung zu rücken.

**Beispiele**

- Neulackierungen, die nachträglich mit Sandpapier oder »dem guten alten Schleifvlies« zerkratzt worden sind
- Auftragen von Lasuren oder Farbe, um künstlich Verfärbungen und Ablagerungen zu simulieren
- chemische Behandlungen von Metallen, um Farbveränderungen oder Korrosion zu erreichen

## Schmutz

Schmutz ist eine Auflage von Materialien, die nicht zum Objekt gehören und sich entfernen lassen, ohne die Substanz des Gegenstandes zu beschädigen.

Schmutzauflagen gehören nicht zur Patina.

**Beispiele**

- Vogelkot
- Schlammspritzer
- Staubablagerungen
- Essensreste auf Polstern

Ein Sonderfall ist Schmutz, der sich so fest in die Oberfläche eingelagert hat, dass er ohne Zerstörung der historischen Substanz nicht mehr entfernbar ist. Er wird in diesem speziellen Fall Teil der Patina.

## Schaden

Schäden sind Veränderungen am Objekt, die seine Benutzung deutlich einschränken oder sogar verhindern. Dasselbe gilt für Veränderungen durch anhaltende, starke Vernachlässigung oder Phänomene, die eine rasch weiter fortschreitende Zerstörung der Substanz des Gegenstandes verursachen.

Schadensphänomene gehören nicht zur Patina.

**Beispiele**

- deutliche, tiefgehende Korrosion, besonders, wenn sie an tragenden Teilen stattfindet
- Risse in Polsterungen, die sich bei Benutzung vergrößern
- ausgedehnte lose, abblätternde Lackschichten, die keine Verbindung zum Untergrund mehr haben und so in kurzer Zeit verloren gehen
- stark abgebaute Lackschichten, deren Veränderungen nicht durch normale Nutzung, sondern durch andauernde Vernachlässigung entstanden sind (etwa bei sonnengedörrten automobilen Wüstenfunden aus Utah oder Arizona)
- Beschädigungen der Außenhaut, die die Sicherheit und die Benutzbarkeit einschränken (beispielsweise ein verformter Kotflügel, der die Lenkbarkeit der Vorderräder einschränkt oder scharfe Kanten aufweist)
- ein undicht gewordenes Verdeck, da eindringendes Wasser schnell zu Schimmel und anderen nachhaltigen Zerstörungen im Innenraum führt
- allgemeine Veränderungen, die dadurch entstehen, dass keine regelmäßige Wartung und Pflege erfolgt ist (z. B. Standschäden bei sogenannten *Scheunenfunden*)

# Die verschiedenen Arten von Veränderungen, Nachfertigungen, Um- und Neubauten bei historischen Fahrzeugen

*Links außen: Die deutlich beschädigten originalen Sitze eines Bugatti T49. Hier handelt es sich nicht mehr um Patina, da sich der Wagen so nicht mehr benutzen lässt beziehungsweise eine Benutzung eine vollständige Zerstörung der Sitze verursachte.*[74]

*Oben rechts: Veränderungen durch langjährige Vernachlässigung wie auf der Karosserie dieses Opel Olympia Rekord Caravan von 1956 können nicht als Patina angesehen werden, denn sie sind ja gerade nicht durch die normale Nutzung mit einer üblichen Wartung und Pflege der Lackierung entstanden.*[75]

**Grundsatz:** *Die Identität eines Fahrzeuges wird durch den Hersteller bestimmt und anhand der identifizierenden Bezeichnungen, in der Regel also der Chassisnummer, festgelegt. Entsprechend eindeutig zuordbare Fahrzeuge werden als Fahrzeug mit bekannter Identität bezeichnet. Ist ein solches Fahrzeug älter als 30 Jahre und entspricht es den entsprechenden Kriterien (siehe dazu historisches Fahrzeug), wird es* als Fahrzeug mit bekannter historischer Identität *bezeichnet*[35].

*Jedes in seiner Gebrauchszeit auf legaler Grundlage zugelassene Fahrzeug genießt Bestandsschutz, auch wenn es mit seinen ursprünglichen Konfigurationen und seinen zeitgenössischen Veränderungen mit der Zeit nicht mehr den inzwischen veränderten gesetzlichen Anforderungen entspricht.*

*Es darf jedoch keine Vermehrung solcher Fahrzeuge geben, das heißt, dieser Bestandsschutz gilt nur für das jeweils individuelle, tatsächlich historische Fahrzeug. Duplikate wie Replikas, Nachbauten und Rekonstruktionen können nicht die historische Identität und den Bestandsschutz eines historischen Vorbildes übernehmen.*

## Rekonstruktion

**Grundprinzip:** *Die Komplett-Rekonstruktion eines historischen Gegenstandes dient hauptsächlich didaktischen und wissenschaftlichen Zwecken und basiert auf gesicherten Befunden und Belegen. Eine Rekonstruktion kann materiell oder virtuell erfolgen und die Rekonstruktion eines historischen Fahrzeuges muss nicht unbedingt dessen Auslieferungszustand zeigen. In manchen Fällen (etwa bei historischen Wettbewerbsfahrzeugen, die in ihrer Gebrauchsphase mehrfach modifiziert worden sind) kann es interessanter sein, einen späteren Zeitpunkt in der Geschichte des Fahrzeuges zu zeigen.*

*Doch Komplett-Rekonstruktionen sind nicht gleichwertig zu sehen mit ihren historischen Vorbildern. Entsprechende Duplikate eines historischen Fahrzeuges können nicht in die rechtliche Nachfolge und den Bestandsschutz eines echten historischen Fahrzeuges treten im Gegensatz zu Wiederaufbauten (siehe weiter unten). Sie werden, da vollständig neu gebaut, entsprechend dem Datum ihrer Anfertigung eingeordnet. Auf dieser Basis können sie in speziellen Fällen eine eigene interessante Geschichte bekommen, doch dies lässt sich erst mit entsprechend historischem Abstand beurteilen*[36].

*Rekonstruierte Fahrzeuge sollen klar als solche gekennzeichnet werden.*

Ziel einer Rekonstruktion ist es meistens, einen nicht mehr vorhandenen oder in stark geschwächtem, nicht mehr benutzbarem Zustand erhaltenen Gegenstand wieder anschaulich und verständlich zu machen. Die historisch wertvollen Fragmente des Originals sollen dabei jedoch nicht in Mitleidenschaft gezogen oder verändert werden, sondern als unverfälschte Quelle erhalten bleiben, was im Falle von Fahrzeugen auch und besonders für die *identitätgebenden Bauteile des historischen Vorbildes gilt*.

Darum wird der Gegenstand, entsprechend den detaillierten Forschungsergebnissen und Erkenntnissen, die man am Original gewinnen kann, mit historisch korrekten Arbeitstechniken, Materialien und Details möglichst genau und komplett neu angefertigt[37]. Möglicherweise noch erhaltene Fragmente des Originals werden dabei nicht mitverwendet und bleiben als Referenzstücke unangetastet.

Ziel ist es, durch den Betrieb und die Benutzung der Rekonstruktion noch genauere praktische Erkenntnisse über den damaligen Stand der Technik, den zeitgenössischen Umgang mit dem Gegenstand und andere historisch interessante Details zu gewinnen oder zu vermitteln. Besonders im Bereich von Rennfahrzeugen, die im Laufe ihrer Gebrauchszeit meist mehrfach modifiziert und umgebaut worden sind, muss bei einer Rekonstruktion außerdem darauf geachtet werden, dass ein in sich stimmiger historischer Zustand rekonstruiert wird, etwa eine genaue Konfiguration, das Design und sonstige Parameter, die der Wagen zu einem bestimmten Rennen gezeigt hat, und keine willkürliche Kombination aus verschiedenen Phasen des Wagens, die so nie gleichzeitig vorhanden waren.

*Befundgetreue Rekonstruktion eines keltischen Streitwagens im Schweizerischen Landesmuseum*[76]

Ernsthafte Rekonstruktionen in diesem Sinne gibt es im Fahrzeugbereich bisher nur äußerst selten.

**Beispiele**

- die Rekonstruktion einer römischen Galeere durch Archäologen und ihr Betrieb auf der Donau (Galeere »Regina«[38], die der praktischen Erforschung spätantiker römischer Militär- und Schifffahrtstechnik dient)
- die Rekonstruktion eines keltischen Streitwagens, wie er ca. 450 v. Chr. verwendet wurde[39] (fertiggestellt 1993, um keltische Kriegstechniken wissenschaftlich nachzuvollziehen)
- die Rekonstruktion eines ägyptischen Streitwagens, wie er vor ca 3500 Jahren verwendet wurde[40] (erstellt 2013, er dient der experimentellen Forschung über die zeitgenössische ägyptische Militärtechnik)
- die Rekonstruktion einer mittelalterlichen Burg im französischen Guédelon[41] (aktuell noch im Bau; hier werden die Konstruktions- und Handwerkstechniken des 13. Jahrhunderts erforscht)

*Unterscheiden muss man die komplette Rekonstruktion eines Fahrzeuges von einzelnen, rekonstruierten Bauteilen oder Baugruppen*, die zur Ergänzung und Restaurierung eines bestehenden Fahrzeuges mit bekannter historischer Identität dienen. Solche möglichst genau nach dafür geeigneten originalen Vorbildern angefertigten Ersatzteile und Ergänzungen sind gängige Restaurierungspraxis auch bei anderen Kulturgütern. Um eine Verwechslung mit historischen Teilen zu verhindern, ist es dort üblich, rekonstruierte Teile kenntlich zu machen.

Die Eigenschaften, die Form, das Material und die Machart eines rekonstruierten Bauteiles sollen auf jeden Fall dem Stand der Technik und der Vorschriftenlage entsprechen, die für das jeweilige historische Vorbild relevant waren. Sie sollten nicht besser als die historischen Vorbilder gemacht werden, zumal dies beispielsweise die historischen Fahreigenschaften verändert und häufig zu verstärkten Verschleiß oder Zerstörung an angrenzenden originalen Bauteilen führt.

**Beispiele**

- der zu perfekte Nachguss von Getriebezahnrädern eines Fahrzeuges aus der Zeit um 1910 mit modernen Herstellungstechniken, ohne Unebenheiten oder kleine Lunker, in denen sich normalerweise ausreichend Schmiermittel festhalten kann. Diese perfektionierten Ersatzteile wurden deshalb im Gebrauch sehr schnell zerstört und verursachten außerdem eine verstärkte Abnutzung der angrenzenden Originalteile.
- Ähnliche Erfahrungen ergaben Versuche in den 1960er Jahren, die sich schnell abnutzenden Klöppel von Kirchenglocken durch vermeintlich bessere Edelstahl-Bauteile zu ersetzen. Das hatte zur Folge, dass diese Klöppel in kürzester Zeit Risse in die historischen Bronze-Glocken geschlagen haben;
- moderne Kraftstoff-Filterpatronen, die die wichtige Kontrollfunktion eines in die Kraftstoffzufuhr integrierten Schauglases außer Kraft setzen können[42]

Natürlich sind der Genauigkeit von Rekonstruktionen in der Praxis Grenzen gesetzt, beispielsweise, weil ein komplettes historisches Vorbild nicht mehr zur Verfügung steht, die historischen Arbeitsverfahren nicht mehr in allen Details nachvollzogen werden können oder die finanziellen Rahmenbedingungen eines Projektes beschränkt sind. Ziel sollte es aber auch bei der Rekonstruktion von Teilen immer sein, innerhalb der vorliegenden Rahmenbedingungen so genau wie möglich vorzugehen.

Die eindeutige, langfristig nachvollziehbare Markierung von rekonstruierten Teilen ist sehr wichtig, denn so sind die zwangsläufig entstehenden »Unschärfen« dieser Teile zu ihrem originalen Vorbild auch in Zukunft nachvollziehbar. Das ist wichtig, damit bei der zukünftigen Anfertigung von rekonstruierten Teilen nicht ungewollt Kopien von bereits kopierten Bauteilen angefertigt werden, was zu einer zunehmenden Unschärfe zum Original führt.

Solche Kennzeichnungen haben sich bereits seit dem Jahr 2002 bei der Restaurierung von historischen Schienenfahrzeugen bewährt. Das von Eisenbahn-Fachleuten verwendete Markierungssystem findet sich beispielsweise im Anhang der Charta von Turin[43].

## Wiederaufbau

**Grundprinzip:** *Ein Wiederaufbau kann nur auf Basis der bekannten historischen Identität des entsprechenden Fahrzeuges erfolgen (andernfalls siehe Abschnitt* Nachbau und Replika*). Es kann so immer nur einen einzigen Wiederaufbau des individuellen Fahrzeuges geben*

*Dafür muss die individuelle, identitätgebende Komponente des Fahrzeuges (d. h. in der Regel das Chassis bzw. das dafür legal eingesetzte Ersatzchassis) mit verwendet werden. In diesem Fall kann der Wiederaufbau die Historie des entsprechenden historischen Fahrzeuges weiterführen. Trotzdem muss man sich bewusst sein, dass ein in dieser Form wiederaufgebautes Fahrzeug aus kulturgeschichtlicher Perspektive einen deutlichen Anteil an spekulativer Interpretation und eine gewissermaßen gebrochene Historie zeigt.*

Wie bei einer Rekonstruktion zielt der Wiederaufbau eines historischen Fahrzeuges darauf, ein stark zerstörtes oder verlorenes Fahrzeug wieder zum Leben zu erwecken. Im Gegensatz zur Rekonstruktion wird ein Wiederaufbau jedoch normalerweise nicht allein auf wissenschaftlichen und didaktischen Grundlagen ausgeführt und basiert häufig nicht auf eindeutigen originalen Befunden. Darum muss man sich bewusst sein, dass solch ein Fahrzeug, das in dieser Weise wiedererschaffen wurde, häufig einen deutlichen Anteil an Spekulation und freier Interpretation enthält.

Wird ein entsprechendes Fahrzeug auf ein Chassis gebaut, dessen Identität nicht der ursprünglichen dieses individuellen Wagens entspricht, handelt es sich nicht um einen Wiederaufbau, sondern einen *Special* (siehe Abschnitt *Special*).

**Beispiele** ■ Talbot Lago T26 Grand Sport SWB (Baujahr 1949) aus der Sammlung Baillon.

Dieser Wagen wird aktuell auf Basis seines ursprünglichen Chassis und einiger nicht total zerstörten technischen Bauteile wieder aufgebaut. Aufgrund der starken Zerstörung muss ein Großteil des Fahrzeuges nachgefertigt und rekonstruiert werden

Um ein historisches Fahrzeug wieder aufzubauen, werden in vielen Fällen Teile von einem oder mehreren anderen Fahrzeugen desselben Modells oder derselben Machart zusammengesetzt, so dass das Ergebnis den ursprünglichen Spezifikationen des Herstellers oder den *gebrauchszeitlichen* Parametern des wieder aufzubauenden Fahrzeuges folgt. Meist werden, wenn verfügbar, Originalteile des ursprünglichen Herstellers und zeitgenössische Teile verwendet und fehlende Bereiche durch nachgefertigte Komponenten ergänzt. Ein solches »Puzzle« aus historischen Teilen verschiedener Provenienz und rekonstruierten Teilen oder Bereichen wird teilweise auch *Bitza* genannt (aus dem englischen »assembled from different bits«).

Wie im Fall einer Restaurierung sollte ein Wiederaufbau ein historisch in sich schlüssiges Erscheinungsbild und entsprechende technische Parameter zeigen. Dabei muss es sich jedoch nicht automatisch um den *herstellungszeitlichen* Zustand des Fahrzeuges handeln, in manchen Fällen, etwa bei nachweislich *gebrauchszeitlich* modifizierten Fahrzeugen mit Renngeschichte, kann es historisch interessanter sein, einen späteren Zustand des Fahrzeuges zu zeigen.

*Der durch die ungünstige Lagerung sehr stark zerstörte Talbot Lago T26 Grand Sport SWB aus der Baillon-Sammlung 2015. Seine nachgewiesene historische Identität diente anschließend als Grundlage für den Wiederaufbau.*[77]

Alle bei einem Wiederaufbau verwendeten Materialien und Teile sollten so genau wie möglich entsprechend den ursprünglichen bzw. *gebrauchszeitlichen Spezifikationen* und Formen des individuellen Fahrzeuges ausgewählt und hergestellt werden. Wichtige Voraussetzung dafür sind möglichst genaue Informationen über Details des Fahrzeuges und seiner historischen Materialien, die jedoch nicht in jedem Fall vorliegen. Dies birgt immer die Gefahr von spekulativen, nicht historisch verbürgten Ergebnissen.

## Special

**Grundprinzip:** *Das Fahrzeug, das als Grundlage für entsprechende Veränderungen dient, muss eine historische Identität besitzen und die entsprechende unveränderte, identitätgebende Komponente des Ursprungsfahrzeuges enthalten (Chassis/Rahmen). Entscheidend ist, wann die Veränderung tatsächlich am Fahrzeug durchgeführt worden ist und nicht, welches (möglicherweise historisierende) Erscheinungsbild sie zeigt!*

Special ist ein Begriff, den das Zulassungsrecht nicht kennt, der jedoch in der Praxis schon seit der Vorkriegszeit verwendet wird.

Basis ist immer ein Fahrzeug mit dokumentierter historischer Identität (d. h. dessen identitätgebendes Bauteil – normalerweise Rahmen bzw. Chassis).

Der Begriff *Special* bezeichnet nach der eigentlichen Herstellung oder Auslieferung durchgeführte ...

- individuelle Karosserieumbauten;
- Modifikationen oder komplette Veränderungen an den technischen Hauptkomponenten (Motor, Antriebsstrang, Räder, Fahrwerk, Schaltung, Bremsen, Lenkung), die das einst typische Fahrverhalten eines Fahrzeuges verändern.

Man muss dabei unterscheiden zwischen ...

- historischen Specials, verändert innerhalb der normalen Gebrauchsphase des zugrunde liegenden Wagens. Diese Veränderungen gehören zum historischen Original des zugrunde liegenden Wagens;
- historischen Specials, entstanden außerhalb der normalen Gebrauchsphase des Wagens. Die Veränderungen sind aber mindestens 30 Jahre alt. Häufig entsprechen dabei historisierend ausgeführte Veränderungen nicht den in der Gebrauchsphase des jeweiligen Fahrzeuges üblichen Parametern. Können diese Veränderungen historisch nachgewiesen werden und entsprachen sie zum Zeitpunkt ihrer Ausführung den damals gültigen Vorschriften, kann ein entsprechendes Fahrzeug in Deutschland nach Ablauf

von 30 Jahren (nach der Modifikation) als historischer Special eine Zulassung mit H-Kennzeichen erhalten;

- modernen Specials, entstanden außerhalb der normalen Gebrauchsphase des zugrunde liegenden Wagens, verändert vor weniger als 30 Jahren. Häufig entsprechen dabei auch oberflächlich historisch wirkende Veränderungen nicht den in der Gebrauchsphase des jeweiligen Fahrzeuges üblichen Parametern. Auf diese Art veränderte Fahrzeuge können in Deutschland auch nach 30 Jahren nicht als historische Fahrzeuge zugelassen werden, wenn diese Veränderungen nicht den relevanten juristischen Parametern derjenigen Zeit entsprechen[44], in der diese Veränderungen durchgeführt wurden.

**Beispiel** für historischen Specials, verändert innerhalb der normalen Gebrauchsphase des zugrunde liegenden Wagens:

- Riley-Cabriolet Special, entstanden 1936 aus einem geschlossenen Riley Serienmodell Baujahr 1933 (bezeichnet als »Riley Special 1933/1936«)

*Der so genannte »Bu-Merc«, – ein Buick Century, der 1939 von Phil Shafer und Byron Jersey zum Rennfahrzeug umgebaut wurde und heute noch in dieser Konfiguration erhalten ist. Dabei handelt es sich also um einen historischen Special, der in seiner modifizierten Form heute eine eigenständige Geschichte besitzt.*[78]

*Rechts außen: Dieser 2013 abgeschlossene Special-Umbau eines historischen VW T1 wird in Deutschland auch nach Ablauf von 30 Jahren nicht als historisches Fahrzeug zugelassen werden, da er den hiesigen Zulassungsbedingungen seines Umbaujahres 2013 nicht entspricht.*[79]

- der heute als »Bu-Merc« bekannte Buick Century aus dem Jahr 1939[45]. Dieser Wagen wurde direkt nach der Auslieferung unter Verwendung der Karosserie eines verunfallten Mercedes SSK modifiziert und mit zahlreichen technischen Optimierungen versehen. Man könnte dieses Fahrzeug auch als einen frühen Vertreter der *Hot Rods* bezeichnen.

**Beispiele** für historische Specials, entstanden außerhalb der normalen Gebrauchsphase des Wagens:

- Riley-Cabriolet Special, modifiziert nach einem Vorbild von 1936 auf der Basis eines geschlossenen Riley Serienmodells Baujahr 1933, entstanden jedoch erst 1970 (dieser Umbau wurde ausgeführt vergleichbar mit dem Stil der Gebrauchszeit des Fahrzeuges, heute bezeichnet als »Riley Special 1933/1970«)
- HAZ »Bugatti« Kitcar auf VW-Käfer-Basis von 1969, umgebaut 1988. Diese Veränderungen sind nicht vergleichbar mit »Veränderungen im Stil der Gebrauchszeit des Fahrzeuges«, aber auch nicht zu verstehen als »Nachbau«, denn die Übereinstimmung mit einem Bugatti beschränkt sich lediglich auf eine grobe Anlehnung an die Karosserieform. Bezeichnet heute als »VW-HAZ Special 1969/1988«.

**Beispiele** für moderne Specials:

- Bentley 3½ Litre Limousine Baujahr 1935, im Jahr 2011 umgebaut auf eine an den Stil von 1929 angelehnte offene Karosserie (bezeichnet heute als »Bentley 3½ Litre Special 1935/2011«). Diese neu angefertigte Karosserie zeigt eine deutlich vor dem eigentlichen Baujahr des Fahrzeuges übliche, 1935 als veraltet betrachtete Form.
- 2013 gekürzter und stark umgebauter VW T1 Bus aus dem Jahr 1963

Sind heutige Umbauten und die Spezifikationen der dafür verwendeten Teile vergleichbar mit Umbauten, die in der Gebrauchsphase des Fahrzeuges üblich waren, kann ein solches Fahrzeug als *moderner Special im Stile der Gebrauchsphase* bezeichnet werden.

**Beispiele**

- der 2010 erfolgte Umbau eines Ford Model A Serienmodells Baujahr 1931 auf einen Speedster-Special im herstellungszeitlichen Stil (bezeichnet als »Ford Model A Iron Age Garage Special 1931/2010«)[46]

Bezogen auf alle Specials sollte der Zeitpunkt oder die Zeitpunkte der Umbauten nachvollziehbar festgehalten und belegt werden. Bei der Benennung eines solchen Fahrzeuges sollten diese Daten dem ursprünglichen Baujahr des Wagens nachgestellt werden.

Werden solche Modifikationen außerhalb der normalen Gebrauchsphase ausgeführt, entsprechen sie häufig nur sehr oberflächlich historischen Vorbildern, nicht aber den in der Gebrauchsphase des jeweiligen Fahrzeuges üblichen Parametern. Ein besonders extremes Beispiel dafür sind Kitcar-Umbauten, wie sie etwa von der Firma HAZ in den 1980er Jahren für VW Käfer angeboten wurden und deren Form sich grob an die Karosserie eines Bugatti Typ 35 anlehnt.

Zulassungsrechtlich ist zu beachten, dass ein *Special*-Umbau im Rahmen der historischen Parameter des zugrundeliegenden Fahrzeugtyps und in jedem Fall nach denjenigen Umbauvorgaben erfolgt sein muss, die zum Zeitpunkt der Maßnahme relevant waren.

In dieses Raster können auch sogenannte *Hot Rods* und *Street Rods*[47] als eine Unterart der *Specials* eingeordnet werden. Auch diese Umbauten basieren auf Fahrzeugen mit bekannter historischer Identität und zeigen deutlich modifizierte technische Komponenten und Designs. Diese sehr individuellen, teilweise sicherheitsrelevanten Veränderungen stammen meist aus verschiedenen Zeiträumen ihrer Geschichte, und sie werden in manchen Fällen bis heute fortlaufend weiter verändert. Solche auch aktuell immer weiter geführten Veränderungen führen allerdings nach deutschem Zulassungsrecht dazu, dass solche Fahrzeuge nicht als historisch zugelassen werden können, auch wenn die Identität des Basisfahrzeuges zum Beispiel aus der Vorkriegszeit stammt.

*Einer von unzähligen »Herbie«-Tribute-Cars, hier in Cabriolet-Ausführung und auf Basis eines VW Käfer Cabriolet Baujahr 1978.*[80]

Eine weitere Unterart der *Specials* bilden sogenannte *Tribute Cars*:

Dabei handelt es sich um den mehr oder weniger genau ausgeführten Umbau eines Standard-Fahrzeugmodells zur Kopie eines bekannten oder seltenen Fahrzeuges. Dies geschieht normalerweise nach der normalen Gebrauchsphase des nachgebildeten Fahrzeuges, wenn das entsprechende Vorbild bereits Sammler- oder Kultstatus erlangt bzw. eine besondere Renngeschichte aufzuweisen hat. Ein so entstandener *Special* kann nicht in die legale Nachfolge des Vorbildes eintreten, sondern trägt die Identität des Fahrzeuges, das als Basis für den Umbau diente. Die Art ihrer Bezeichnung folgt derjenigen für Specials.

**Beispiele** ■ Umbau einer VW 1200 Limousine Baujahr 1962 zum Erscheinungsbild von »Herbie« (seit 1968 automobiler Hauptdarsteller der Filmserie »The Love Bug«), ausgeführt von der Firma DLS Mobile im Jahr 2014 (dieser Wagen wird nun bezeichnet als *VW 1200 DLS Special 1962/2014*)

## Nachbau und Replika

**Grundprinzip:** *Nachbauten und Replikas sind Kopien von historischen Fahrzeugen, gebaut außerhalb der normalen Gebrauchszeit des Vorbildes, die ohne das identitätgebende originale Chassis oder ein entsprechend legal registriertes Ersatzchassis angefertigt wurden. Sie sind nicht gleichzustellen mit ihren historischen Vorbildern und nicht von sich aus historische Objekte. Entsprechende Duplikate können nicht in die legale Nachfolge eines Fahrzeuges mit bekannter historischer Identität treten, das als Vorbild für die Kopie gedient hat.*

*Sie sollen klar als* Nachbau *bzw.* Replika *gekennzeichnet werden.*

*Nachbauten und Replikas historischer Fahrzeuge werden datiert entsprechend dem Zeitpunkt ihrer Fertigstellung, womit auch das Baujahr ihrer eigenen Identität festgelegt wird.*

Ein Nachbau ist die Kopie eines historischen Fahrzeuges. Ein solches Fahrzeug wurde gebaut außerhalb der normalen Gebrauchszeit des Vorbildes mit oder ohne Teilen aus historischer Produktion. Ein Nachbau erfolgt nicht durch den Hersteller des ursprünglichen Vorbildes und auch nicht unter dessen Lizenz (vgl. im Gegensatz dazu *Replika*, siehe unten)[48].

Nachbauten dienen nicht allein wissenschaftlichen Zwecken und sind auch nicht entsprechend exakten Forschungsergebnissen verpflichtet. Dies unterscheidet sie deutlich von einer Rekonstruktion. Im Gegensatz zum Wiederaufbau verfügen sie nicht über die individuelle, legale historische Identität ihres Vorbildes und anders als Tribute Cars auch nicht über irgendeine historische Identität.

Teilweise werden Nachbauten mit verschiedenen Komponenten aus gebrauchszeitlicher Produktion des Vorbildes bestückt, um sie zumindest historisch erscheinen zu lassen.

Ein Nachbau wird mit dem Namen seines Herstellers bezeichnet, etwa die bekannten Bugatti-Nachbauten aus Argentinien mit dem Namen des Herstellers Pur Sang.

Man muss dabei unterscheiden zwischen:

- historischen Nachbauten, entstanden außerhalb der normalen Gebrauchsphase aber bereits mindestens 30 Jahre alt. Immer bezogen auf ihr tatsächliches Alter und ihr reales Baujahr haben sie im Sinne des FIVA Technical Code zwischenzeitlich eine eigene Historie und eine eigene historische Identität erworben.
- modernen Nachbauten, entstanden außerhalb der normalen Gebrauchsphase und dies vor weniger als 30 Jahren. Solche Fahrzeuge besitzen noch keine historische Identität, sondern gelten in den Regularien der FIVA bis zur Vollendung ihres 30. Lebensjahres als moderne Fahrzeuge[49].

**Beispiel** für historische Nachbauten:

- Wolseley »Teal«, Nachbau eines Bugatti-Fahrzeuges, gebaut 1983. Ein solches Fahrzeug besitzt nach den Regularien der FIVA inzwischen eine eigene historische Identität als historischer Nachbau, allerdings immer unter Nennung seines tatsächlichen Herstellers und mit Nennung seines realen Baujahres 1983[50]).

**Beispiele** für moderne Nachbauten:

- Pur Sang-Nachbauten von Fahrzeugen der Marken Mercedes-Benz, Bugatti oder Indian
- Chamonix-Nachbauten von Porsche 356 Speedster und 550 Spyder
- AC Cobra-Nachbauten der Firma Weineck
- verschiedene in Lizenz von Audi hergestellte Nachbauten von Horch-Fahrzeugen aus den 1930er Jahren

Baut der ursprüngliche Hersteller (oder jemand in dessen Lizenz) die Kopie eines historischen Fahrzeuges, nennt man das Ergebnis *Replika*[51].

**Beispiele**

- Auburn Speedster 851. 1935 wurden ca. 110 Exemplare gebaut. 1968 hat die Firma Auburn 14 weitere Wagen (Replika) dieses Typs hergestellt
- Replika des 1955er Mercedes-Benz Renntransporters »Das blaue Wunder«, 2001 fertiggestellt
- Benz Patent-Motorwagen der 1890er Jahre, repliziert in den 1930er Jahren
- BMW 328 Mille Miglia Kamm-Coupé von 1949. Replika 2010 fertiggestellt
- Melkus RS 1000 aus der Zeit zwischen 1969 und 1973. Mehrere Exemplare wurden seit 2006 repliziert.

*Replika eines Horch 853 Coupé (bekannt als »Manuela«). Das historische Vorbild wurde 1937 von Erdmann & Rossi gebaut. Dieser Nachbau wurde 2012 – laut Hersteller in Lizenz von Audi (dem Rechtsnachfolger der Firma Horch) – gefertigt.*[81]

Ein nachgebautes Fahrzeug wird 30 Jahre nach seiner Herstellung von der FIVA als historisch angesehen und kann so auf der Basis seiner eigenen Identität und dem Baujahr seiner Nachfertigung einen FIVA-Pass erhalten.

Juristisch wird dies jedoch in verschiedenen Ländern unterschiedlich gehandhabt, was Auswirkung auf die Zulassungsfähigkeit zum öffentlichen Straßenverkehr hat. Entspricht ein Nachbau bzw. eine Replika nicht den zum tatsächlichen Zeitpunkt seiner Nachfertigung geltenden Zulassungsbedingungen (im Fall des oben gezeigten Horch 853 Coupé also denen von 2012), wird dieses Fahrzeug in Deutschland auch nach 30 Jahren nicht zulassungsfähig.

*Ein gleichmäßiges, angepasstes Umgebungsklima und gute Aufbewahrungsbedingungen sind neben regelmäßiger Wartung und Pflege wichtige Grundbedingungen für die langfristige Erhaltung von aktiv genutzten historischen Fahrzeugen.*[82]

## Erhaltung (präventiv)

**Grundsatz:** *Verloren gegangene Originalsubstanz bekommt man nicht zurück, erhaltende Maßnahmen dienen dazu, Verlusten und Schäden vorzubeugen oder ihre Entstehung zumindest deutlich hinauszuzögern. Erhaltende Maßnahmen verändern nicht die vorhandene Substanz des Fahrzeuges.*

Erhaltung bedeutet die Pflege und den Schutz eines Gegenstandes vor zukünftiger Beschädigung und Verfall, so dass sein Zustand, seine individuelle Qualität und sein spezifischer Erinnerungswert gewahrt bleiben. Solche Maßnahmen greifen nicht in die Substanz des Fahrzeuges ein und verändern es in keiner Weise. Sie werden auch als *präventive Konservierung* bezeichnet.

**Beispiele**
- gute Aufbewahrungsbedingungen
- insgesamt gute Wartung und Pflege
- Reinigen ohne Substanzverluste, Abnehmen schädigender Schmutzauflagen o. ä.

## Konservierung (stabilisierend)

**Grundsatz:** *Verloren gegangene Originalsubstanz bekommt man nicht zurück, konservierende Maßnahmen können jedoch aktuell entstehende Veränderungen oder Schäden aufhalten oder zumindest deutlich verlangsamen.*

*Die originale Substanz des Fahrzeuges wird durch eine Konservierung nicht verändert oder ersetzt, es werden jedoch Materialien zur Stabilisierung eingebracht, weswegen solche Maßnahmen manchmal auch als stabilisierende Konservierung bezeichnet werden.*

Konservierung umfasst alle Eingriffe, die das Fahrzeug oder Objekt sichern und seiner Stabilisierung dienen, ohne den Bestand zu verändern und ohne seinen historischen oder materiellen Zeugniswert in irgendeiner Weise zu gefährden. Es wird damit also ausschließlich der weitere Verfall verhindert oder zumindest aufgehalten.

Das heißt: Es handelt sich dabei um Eingriffe zur Stabilisierung derjenigen Materialien und Zustände, die am Fahrzeug zu diesem Zeitpunkt vorhanden sind. Alle Spuren der Herstellung, des Gebrauchs und der Alterung, aber auch alle bereits erfolgten Beschädigungen, bleiben unangetastet. Es wird lediglich so eingegriffen, dass weitergehende Schäden und Veränderungen verhindert werden. Solche Maßnahmen sind meist äußerlich nicht sichtbar.

**Beispiele**
- zusätzliche Diagonalverstrebungen bei Fahrzeugen mit Holzskelett, um gelockerte Holzrahmen-Konstruktionen zu verstärken
- Fixieren von Bauteilen
- Sichern von Risskanten, etwa im Bereich des Interieurs
- Festigung von Beschichtungen;
- offenliegende Metallbereiche mit Überzügen gegen Korrosion schützen

## Restaurierung (ergänzend)

**Grundsatz:** *Verloren gegangene Originalsubstanz bekommt man nicht zurück, man kann sie dann nur noch mehr oder weniger genau imitieren.*
*Es sollte nur so viel wie nötig und so wenig wie möglich eingegriffen werden.*
*Eine Restaurierung verändert nicht das originale Design, die originalen technischen Gegebenheiten oder die charakteristischen Fahreigenschaften eines historischen Fahrzeuges.*

Eine Restaurierung umfasst die Maßnahmen zur Bearbeitung und Ergänzung von fehlenden Teilen oder Bereichen mit dem Ziel, einen früheren (normalerweise auch funktionsfähigen) Zustand des Gegenstandes wieder ablesbar und verständlich zu machen. Dabei sollen jedoch spekulative, nicht durch originale Befunde und klare Erkenntnisse abgesicherte Bearbeitungen oder Ergänzungen soweit wie möglich vermieden werden: »Restaurierung endet da, wo die ungesicherte Interpretation beginnt.«

*Oben: Der Mercedes 710 SS GP10 »Malcolm Campbell, Bj. 1930, im Jahre 1945 und in weiß, die Benzinleitung wurde inzwischen (noch in der normalen Gebrauchsphase!) nach innen verlegt.*[83]

Die Restaurierung wird insgesamt weiter eingreifen als eine Konservierung und so ausgeführt werden, dass so viel wie möglich der historischen Substanz erhalten bleibt. Es ist deshalb nicht zwingend notwendig, im Zuge solcher Maßnahmen alle Bereiche eines Fahrzeuges zu überarbeiten, stattdessen sollten sich die Arbeiten auf diejenigen Flächen und Komponenten beschränken, die tatsächlich Schäden oder Verluste aufweisen. Dabei sollten sich restaurierte Bereiche harmonisch in den verbleibenden historischen Bestand einfügen, bei genauerer Untersuchung jedoch sicher von diesem unterscheidbar sein (dazu siehe auch in den Abschnitten *Restaurierung* und *Dokumentation*).

Wenn ein Fahrzeug tiefergehend restauriert werden muss, erfordert dies in den meisten Fällen auch Reparaturen und eine Verwendung von neu

*Derselbe Mercedes 710 SS GP10 »Malcolm Campbell, wie links dargestellt, aber 13 Jahre zuvor im Auslieferungszustand fotografiert*[84]

angefertigten (rekonstruierten) Komponenten. Bereiche und Bauteile, die in dieser Art bearbeitet und ergänzt werden, sollen angemessen dokumentiert und markiert werden.

Für die Bearbeitung sollten bevorzugt authentische Materialien und Arbeitstechniken verwendet werden. Moderne Materialien und Arbeitsweisen können überall da eingesetzt werden, wo die historisch korrekten Methoden nicht einsetzbar sind.

Restaurierungskonzepte sollen immer anstreben, nach der Bearbeitung einen optisch und historisch schlüssigen Zustand abzubilden und das Fahrzeug nicht »auseinander zu restaurieren«. Dies bedeutet jedoch ausdrücklich nicht, dass das Fahrzeug dabei in seine herstellungszeitliche Konfiguration zurückversetzt werden muss. Stattdessen kann es, je nach Gegebenheiten am Fahrzeug, auch sinnvoll sein, eine historisch besonders interessante Phase in der Gebrauchszeit des Fahrzeuges oder auch seinen historisch gewachsenen (gealterten) Zustand zu zeigen.

**Beispiele** ■ Mercedes 710 SS GP10 »Malcolm Campbell«, Bj. 1930, ausgeliefert als Spezialanfertigung mit einer Lackierung im für Campbell typischen Farbton »Bluebird Blue« und außen an der Karosserie verlaufender Benzinleitung. 1945 erfolgte eine gebrauchszeitliche Neulackierung in weiß zusammen mit einem Umbau der Benzinleitung nach innen. In dieser Konfiguration hat der Wagen an einigen historisch interessanten Wettbewerbsveranstaltungen direkt nach Kriegsende teilgenommen.

Eine Restaurierung dieses Wagens auf den blauen Karosserie-Ton ohne auch den Rückbau der Benzinleitung nach außen wäre nicht logisch und würde einen auseinander-restaurierten Zustand ergeben. Der Wagen wurde darum aktuell in seiner Konfiguration von 1945 belassen.

■ Die in der Gebrauchszeit ausgeführte Modifikation eines BMW 319 Baujahr 1935 mit einem Kompressor ist heute noch am Fahrzeug vorhanden und soll bei einer aktuellen Restaurierung auch erhalten bleiben. Die gleichzeitig mit dem Kompressor-Einbau in der Gebrauchszeit erfolgte Neulackierung soll jedoch durch den Farbton des Auslieferungszustandes ersetzt werden. Die heute noch vorhandene ursprüngliche Innenausstattung wird durch eine andere Machart ersetzt, die damals für dieses Modell zwar ebenfalls angeboten wurde, im fraglichen Fahrzeug aber nie vorhanden war. Ergebnis: das Fahrzeug wurde auseinander-restauriert.

■ sogenannte »Rattenkarren« (manchmal auch *Rat Cars* oder *Derelicts* genannt) mit einer Außenhülle im bewusst »abgerocktem« (teilweise künstlich mit Patinaeffekten bearbeiteten) Look, die Technik und alles unter der Karosse wurde jedoch in allen Details restauriert, möglicherweise sogar renoviert und getunt. Ergebnis: das Fahrzeug wurde auseinander-bearbeitet.

*Dieser VW Käfer ist ein Beispiel dafür, wie äußerlich stark gealtert aussehende historische Fahrzeuge »unter der Oberfläche« mit hochgerüsteten technischen Komponenten »auseinander-restauriert« werden.*[85]

Die Rückführung eines außerhalb der Gebrauchszeit veränderten Chassis auf die Parameter der Gebrauchsphase sollte strenggenommen ebenfalls als Restaurierung hin zum Erscheinungsbild eines früheren Zustandes angesehen werden (auch wenn manche aktuellen Rechtsauslegungen dies möglicherweise anders einordnen), denn dies bedeutet vom kulturhistorischen Standpunkt aus keine moderne Veränderung des Fahrzeuges sondern ein Zuwachs an Authentizität gegenüber einem in der Sammlungsphase umgedeuteten Zustand.

**Beispiele** ■ Ein in den 1960er Jahren (in der Sammlungsphase) zum SSK gekürzter Mercedes SS wird bei einer aktuellen Restaurierung wieder verlängert und damit auf seine eigentlich authentischen Parameter zurückgeführt. Er entspricht damit letztendlich exakter seinen historischen Parametern in der Gebrauchsphase als gekürzt.

Eine Restaurierung muss nicht automatisch zum Auslieferungszustand hin erfolgen. Jede Bearbeitung sollte sich aber immer an einem historischen Zustand orientieren, der sich auch tatsächlich für das individuelle Fahrzeug zu einem bestimmten Zeitpunkt seiner Gebrauchsphase nachweisen lässt. Das Ergebnis wird dann als historisch belegter Darstellungszustand bezeichnet. Dabei muss aber auch immer mit bedacht werden, dass man durch eine solche Bearbeitung möglicherweise andere interessante Phasen des historischen Originals zerstört.

**Beispiele** ■ Eine in der Gebrauchsphase für den Rennbetrieb mehrfach modifizierte Ducati 750SS Baujahr 1973 wird auf die Konfiguration restauriert, in der sie 1976 am Bol D'Or teilgenommen hat.

**Beispiele** ■ Ein Bugatti T43 Baujahr 1929 wurde (nachgewiesenermaßen) 1930 mit einer neuen Karosserie versehen. Der historische Special wird heute in diesem belegten Darstellungszustand erhalten.

## Reparatur (funktionserhaltend)

Reparatur bedeutet die Anpassung, Instandsetzung oder den Ersatz von vorhandenen, (möglicherweise beschädigten oder verschlissenen) beziehungsweise fehlenden Bauteilen. Die Reparatur hat zum Ziel, die Funktionsfähigkeit des Fahrzeuges oder Gegenstandes wiederherzustellen, nimmt jedoch üblicherweise keine Rücksicht auf die authentische, zum Fahrzeug gehörende Substanz. Es werden dabei außerdem meist Arbeitstechniken und Materialien eingesetzt, die einem modernen Stand der Technik und nicht den historischen Arbeitsweisen entsprechen.

Dabei muss auch unterschieden werden zwischen einer ...

- sachgerechten Reparatur: das heißt, das Fahrzeug funktioniert wieder, die verwendeten Methoden entsprechen aber nicht den Regeln professioneller bzw. langfristig haltbarer Arbeit;
- fachgerechten Reparatur: das heißt, die dabei verwendeten Arbeitsweisen entsprechen dem heutigen, professionellen Stand der Technik und sind so angelegt, dass sie ein der Funktionsfähigkeit vor dem Schaden entsprechendes oder sogar haltbareres Ergebnis liefern.

*Links außen: Eine zwar sachgerechte, aber im Sinne der Charta von Turin, handwerklicher Qualität und der Authentizität durchaus diskutable Reparatur des Handgas-Zuges im Motorraum eines REO Speedwagon Baujahr 1906*[86]

**Beispiele**

- der Austausch eines beschädigten Motors durch ein anderes, ebenfalls passendes Aggregat. Dabei muss es sich nicht um einen baugleichen Motor oder ein Modell des gleichen Herstellers handeln. Wichtig ist dabei nur: er passt, funktioniert und das Fahrzeug läuft wieder.
- beschädigte Lager werden durch Bauteile aus einer modernen Legierung ersetzt
- zwei Bauteile werden statt mit einer Schraube einfach mit einem Draht verbunden (= sachgerechte Reparatur)
- der Austausch des teilweise beschädigten originalen Kotflügels eines VW Käfer durch einen formgleichen modernen Ersatz-Kotflügel aus Blech oder auch ein Fertigteil aus GFK (= fachgerechte Reparatur mit modernen Mitteln).

Im Unterschied dazu eine *Restaurierung* des Kotflügels: dabei würde man das originale Bauteil mit historisch korrekten Methoden möglichst materialschonend wieder instand setzen. Es steht hier im Gegensatz zur Reparatur also nicht allein im Fokus, dass das Bauteil wieder instand gesetzt wird sondern auch die Erhaltung der historischen Substanz und authentische Arbeitstechniken.

## Renovierung (erneuernd und darüber hinaus)

Solche Bearbeitungen werden im Fahrzeugbereich umgangssprachlich meist mit einer Restaurierung gleichgesetzt und missverständlich häufig als »*Komplett-Restaurierung*« oder »*Restaurierung zum Concours-Zustand*« bezeichnet. Hier muss im professionellen Kontext jedoch unbedingt zwischen Restaurierung und Renovierung unterschieden werden.

Renovierung bedeutet die Überarbeitung eines historischen Fahrzeuges, bei der es vor allem um die mehr oder weniger genaue Nachahmung oder sogar das Übertreffen einer ehemals fabrikneuen Erscheinung geht. Ziel einer solchen Bearbeitung ist es, alle Spuren des realen Alters und der Geschichte am Fahrzeug zu tilgen. Im Gegensatz zu einer Restaurierung gehen solche Maßnahmen über die tatsächlich notwendige Bearbeitung von Schäden hinaus, und es wird häufig versucht, originale Unschärfen wie beispielsweise bereits bei der Herstellung vorhandene ungleichmäßige Spaltmaße zu verbessern. Dafür werden auch eigentlich intakte Bauteile tiefgreifend überarbeitet. Umgangssprachlich werden diese Praktiken darum auch gerne treffend als »Überrestaurierung« bezeichnet.

Renovierungen werden meist ohne Rücksicht auf die historischer Substanz durchgeführt. Deren –

*Dieser 1941 und während des Zweiten Weltkrieges als Nutzfahrzeug und »Arbeitstier« gebauter Ford Pickup wurde rundum renoviert und präsentiert sich heute in allen Aspekten »besser als neu«.*[87]

eigentlich unnötige – Zerstörung nimmt man oftmals in Kauf. Auch auf die Verwendung von historisch korrekten Materialien oder Arbeitstechniken wird kein Wert gelegt, wenn das Fahrzeug mit zeitfremden Kabelbäumen, Schrauben oder Bauteilen verändert wird. Solche Maßnahmen führen außerdem häufig über ein reines Erneuern hinaus zum verfremdenden Tuning mit modernen Komponenten.

Entsprechend bearbeitete Fahrzeuge laufen Gefahr, ihre Authentizität, ihre historische Aussage und ihren Wert als kulturhistorische Quelle zu verlieren.

**Beispiele**

- die perfektionierende Veränderung von herstellungszeitlich unregelmäßig ausgeführten Spaltmaßen oder anderen eigentlich originalen Karosseriedetails
- Umrüstungen der Stromversorgung von 6 auf 12 Volt
- der Einsatz modernerer Bremssysteme
- der Einbau modernerer Getriebe
- eine Verwendung von zur Gebrauchszeit nicht erhältlichen Lenkhilfen (etwa EZ Power-Steering)
- die Verwendung von Komponenten aus Kunststoff (z. B. Kotflügel) anstelle von Ersatzteilen aus den in der Gebrauchszeit verwendeten Reparaturmaterialien
- Sitzheizungen im Vorkriegsoldtimer

Zur Unterscheidung zwischen *Renovierung* und *Wiederaufbau der herstellungszeitlichen Konfiguration*:

Eine Renovierung überarbeitet ein Fahrzeug zu einem Zustand *wie neu oder tendenziell sogar*

*»besser«*. Dies geschieht sogar dann, wenn die Komponenten noch so erhalten sind, dass sie mit angepassten Restaurierungsmaßnahmen wieder unverfälscht und materialschonend hätten zum Leben erweckt werden können.

Ausgangspunkt eines *Wiederaufbaus* dagegen ist ein Fahrzeug, dessen Komponenten zum größten Teil zerstört oder verloren gegangen sind. Er sollte so weit wie möglich den zeitgenössischen Parametern (und Ungenauigkeiten) des Vorbildes folgen (siehe auch Abschnitt *Wiederaufbau*).

## Reversibilität, reversibel

Reversibel bedeutet, dass ein Eingriff ohne Verluste oder Schäden an der historischen Substanz durchgeführt wurde und vollständig rückgängig gemacht werden kann. Restaurierungsmaßnahmen und die dabei verwendeten Materialien sollten soweit wie praktisch möglich reversibel geplant und ausgeführt werden.

Dieses für die Bewahrung der historischen Substanz sehr wichtige Prinzip stößt jedoch praktisch teilweise an Grenzen. In solchen Fällen sollte ein praktikables Vorgehen gewählt werden, das möglichst wenig Substanzverlust verursacht.

**Beispiele**

- das Anschrauben einer heute vorgeschriebenen Kennzeichenbeleuchtung ist zwar an sich reversibel (die Lampe kann wieder entfernt und das dafür gebohrte Loch auch wieder verschlossen werden), das dafür gebohrte Loch hat jedoch zu einem Verlust von originaler Substanz geführt und diese Stelle ist so nicht völlig spurlos wieder in den Ausgangszustand zu versetzen. Eine reversible Lösung wäre, eine Halterung dafür so zu konstruieren, dass Löcher verwendet werden können, die bereits vorhanden sind (etwa zur Befestigung des Kennzeichens o. ä.)
- das Einbringen von Festigungsmitteln zur Stabilisierung von sich ablösenden Lackschichten oder das Aufbringen von Wachs als Schutzschicht auf porösen Oberflächen. Die verwendeten Materialien können möglicherweise auf den Oberflächen wieder angelöst und so abgenommen werden, Reste davon bleiben aber immer in Poren, feinen Rissen oder in Spalten zurück. Die verwendeten Materialien sind also im Prinzip reversibel, der Eingriff an sich kann jedoch nicht völlig rückstandsfrei wieder rückgängig gemacht werden.
- Ergänzung von Beschichtungen: Materialien, die sich wieder leicht und rückstandsfrei vom Originallack trennen lassen, zeigen in den allermeisten Fällen eine deutlich von vorhandenen histo-

*Die besonders auffällige Renovierung eines Mercedes-Benz W 111. Gut sichtbar sind hier modernisierte technische Details. Die »perfektionierenden« Veränderungen umfassen aber auch alle andere Komponenten, wie etwa die Karosserie oder die Innenausstattung.*[88]

rischen Lackoberflächen abweichende Glanz- und Farbwirkung. Sie sind darum im Prinzip reversibel, aber auch meist stark thermoplastisch oder nicht wetter- oder wärmebeständig genug für die aktive Nutzung eines Fahrzeuges (etwa für Verwendung auf der Motorhaube etc.), sie können also in solchen Fällen nur begrenzt eingesetzt werden.

- geschweißte Blechergänzungen an durchgerosteten Karosseriebereichen. Die Ergänzung kann zwar wieder herausgetrennt werden, der exakte Zustand vor der Bearbeitung lässt sich jedoch nicht wiederherstellen.
- Für möglicherweise benötigte Batteriehauptschalter müssen häufig keine (irreversiblen Substanzverlust verursachende) Löcher in die Motorspritzwand gebohrt werden, sondern man kann einen Halter dafür anfertigen und in bereits vorhandene Verschraubungen setzen.

## Untersuchung

... bedeutet, ein Fahrzeug zu unterschiedlichen Fragen und Aspekten genau in Augenschein zu nehmen, beispielsweise um Informationen über seine Materialien, seinen Zustand, Art und Möglichkeiten seiner Funktion, seiner Geschichte oder andere Fragestellungen zu gewinnen. Entsprechende Informationen sollten dokumentiert werden und können beispielsweise für Gutachten oder als Basis für eine Konzeption von Reparaturen oder Konservierungs- und Restaurierungsmaßnahmen verwendet werden.

Tiefergehende Untersuchungen können teilweise Eingriffe wie Probenentnahmen oder die Demontage von Komponenten notwendig machen. Solche Maßnahmen sollten jedoch nur nach genauer Überlegung ausgeführt werden. Auch dabei sollte der Grundsatz »soviel wie notwendig und so wenig wie möglich« berücksichtigt werden.

## Dokumentation

Die Dokumentation ist eine Zusammenstellung von gesicherten Informationen zu einem historischen Fahrzeug, über seine materiellen Komponenten, Ereignissen in seiner Geschichte, Schriftquellen, Urkunden Bildmaterial und zahlreichen anderen Quellen. Sie hat unter anderem Einfluss auf die Wertermittlung, dient aber auch als Grundlage für Erhaltungs- und Restaurierungskonzepte.

Zu solch einer Dokumentation zählen beispielsweise:

- Zeichnungen, Fotografien oder andere bildliche Dokumente
- Ergebnisse von naturwissenschaftlichen Untersuchungen oder Materialanalysen
- Unterlagen und Forschungsergebnisse, die Informationen über Vorbesitzer und die individuelle Geschichte des Fahrzeuges enthalten
- Gutachten und Beschreibungen, die Aussagen über seinen materiellen Bestand, seinen Zustand oder die Konfiguration zu einem bestimmten Zeitpunkt machen
- Beschreibungen und Details zu erfolgten Restaurierungs- und Bearbeitungsmaßnahmen

Für die zulassungsrechtliche Behandlung sind u.a. folgende Dokumente erforderlich:

- amtliche Dokumente mit Aussage zum Tag der Erstzulassung (z. B. nachvollziehbare Zulassungsdokumente des Herkunftslandes)
- belastbare technische Daten (z. B. über nachträglich durchgeführte technische Änderungen)
- Dokumente über Eigentumsrechte und gegebenenfalls Zollbescheinigungen

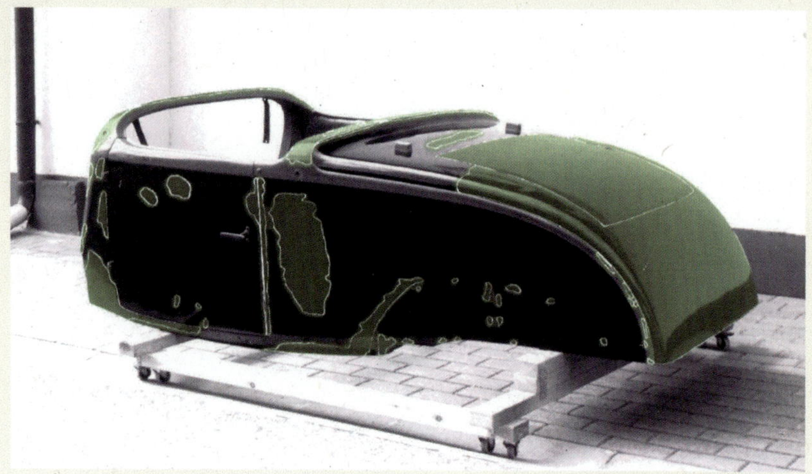

*Bei einer Restaurierung können zum Beispiel Lackergänzungen digital auf einem Foto eingezeichnet und so nachvollziehbar dokumentiert werden.*[89]

## Ursprüngliche Substanz, herstellungszeitlicher Bestand

Diese Begriffe beziehen sich auf die Komponenten und Materialien, die bei der Herstellung an dem fraglichen Fahrzeug vorhanden waren – und nur diese, im erweiterten Sinne von *matching numbers*.

## Historische Substanz, historischer Bestand

Die Begriffe beziehen sich darauf, welche Komponenten, Materialien und Erhaltungszustände, zu einem bestimmten Zeitpunkt in der Gebrauchsphase am jeweiligen Fahrzeug vorhanden waren.

**Beispiele**

- Rennfahrzeuge werden im Laufe ihrer normalen Gebrauchsphase für Wettbewerbseinsätze häufig modifiziert, etwa um sie an veränderte Reglements oder Nutzungsanforderungen anzupassen. Die technische Konfiguration und Karosseriegestaltung, mit der ein Germain-Lambert-Rennwagen (Baujahr 1949) im Jahr 1952 den Bol d'Or gewonnen hat, entspricht dem historischen Bestand des Wagens zum Bol d'Or 1952. Solche – für das individuelle Fahrzeug zu belegende! – Modifikationen können im historischen Kontext bedeutsamer und interessanter sein als der Auslieferungszustand.

## Historisch gewachsener Zustand

Mit dem Begriff *historisch gewachsener Zustand zum Zeitpunkt xy* wird beschrieben, welche Veränderungen oder Umbauten gegenüber dem Auslieferungszustand vorhanden waren, aber auch welche Schäden oder fehlenden Teile zu einem bestimmten Zeitpunkt am Fahrzeug festgestellt werden konnten.

Wird kein bestimmter früherer Zeitpunkt angegeben, bezieht sich eine solche Angabe auf den augenblicklich vorliegenden Zustand des Fahrzeuges, also den derzeitigen Stand der Dinge mit der noch vorhandenen herstellungszeitlichen Substanz sowie den vorhandenen Veränderungen der Gebrauchs- und Sammlungsphase. Man kann auch vom *heutigen Bestand* sprechen.

Rosengart LR 539, Baujahr 1940, in gepflegtem Gebrauchszustand: Der Wagen zeigt noch Teile seiner historischen Lackierung und die ursprüngliche Innenausstattung. Er wurde in der Familie des Erstbesitzers seit 1940 kontinuierlich betreut und instandgehalten.[90]

## Gepflegter Gebrauchszustand

Bis zu welchem Grad Gebrauchsspuren als ästhetisch tolerierbar oder bereits als ungepflegt empfunden werden, ist nicht allgemeingültig festzuschreiben. Solch eine Differenzierung wird stattdessen immer bezogen auf das einzelne Objekt diskutiert werden.

Ist vom gepflegten Gebrauchszustand die Rede, wird grundsätzlich mitberücksichtigt, dass Patina und Spuren der Benutzung Teil seiner historischen Substanz sowie Dokumente der Fahrzeuggeschichte sind und damit auch eine erhaltenswerte Dimension haben. Besonders bei Fahrzeugen, die in sehr authentischem Zustand erhalten sind, kann eine Restaurierung hin zu einem gepflegten Gebrauchszustand erstrebenswert sein, durch die man die Spuren des Gebrauches und der normalen Alterung nicht vernichtet und keine fabrikneue Erscheinung imitieren möchte.

Es ist allerdings wichtig, dass der Begriff *gepflegter Gebrauchszustand* immer im Zusammenhang mit dem realen Alter und der Geschichte des Fahrzeuges sowie auf seine Gesamtheit bezogen und nicht losgelöst auf Einzelkomponenten angewendet wird. So können beispielsweise die herstellungszeitlichen Komponenten eines Fahrzeuges Baujahr 1900 nicht so unversehrt erhalten sein wie diejenigen eines Fahrzeuges von 1980, denn auch bei optimaler Aufbewahrung ist die natürliche Alterung in über 100 Jahren weiter fortgeschritten als bei dem nur etwa 40 Jahre alten Fahrzeug.

**Beispiele**

- der Renault Baujahr 1900 in gealtertem, aber gepflegtem Gebrauchszustand, ausgestellt im Louwman-Museum Den Haag[52]
- ein Porsche 917 aus dem Jahr 1971 in der Collier Collection Naples/FL[53]

## Begriffe, die im Zusammenhang mit historischen Fahrzeugen NICHT verwendet werden sollten

In der Restauration bekommt man vielleicht ein gutes Schnitzel, aber sicherlich keine fundierte Unterstützung bei der Erhaltung eines historischen Fahrzeuges.[91]

### Restauration

Der Begriff *Restauration* ist im Zusammenhang mit einer Bearbeitung von historischen Objekten fachlich nicht zutreffend. Er gehört, je nach Zusammenhang, in den Bereich der Politikwissenschaft (die Wiederherstellung früherer politischer Verhältnisse) oder das Gastronomiegewerbe (eine Gaststätte, in der Essen serviert wird).

Stattdessen sollte in Bezug auf die Bearbeitung von historischen Fahrzeugen fachlich immer von *Restaurierung* gesprochen werden.

### Übliche Nutzungsdauer

Dieser aus dem deutschen Zulassungsrecht stammende Begriff wird häufig fälschlicherweise mit dem kulturhistorischen Begriff der *normalen Gebrauchsphase* gleichgesetzt. Er sollte jedoch im Zusammenhang mit Kulturgütern wie historischen Fahrzeugen nicht verwendet werden, denn in der Definition im deutschen Zulassungsrecht umfasst die übliche Nutzungsdauer eine lediglich bürokratisch-willkürlich festgelegte Zeitspanne von 15 Jahren ab Erstzulassung eines Fahrzeuges.

Dies widerspricht der im Bereich der Kulturgüter seit langem gültigen Erkenntnis, dass sich die *normale Gebrauchsphase* eines Gegenstandes nicht pauschal auf eine vorbestimmte Zeitspanne einschränken lässt. Der entsprechende Zeitraum muss vielmehr individuell für jedes Objekt bzw. Fahrzeug anhand der im Abschnitt *zur Phase des normalen Gebrauchs* geschilderten Parameter festgestellt werden und kann je nach den vorliegenden Umständen auch deutlich kürzer oder länger andauern.

### Faksimile

*Faksimile* wird im »Glossary of Terms« von Denis Jenkinson für Rennfahrzeuge aufgeführt[54], der den Begriff im Sinne des Begriffes *Replika* bzw. *Kopie* be-

*Faksimile-Seite aus dem »Codex Manesse« (um 1330). Deutlich sichtbar ist, dass diese Art der Reproduktion auch alle Verluststellen und Beschädigungen des Originals wiedergibt.*[92]

nutzt, das ganze gleichzeitig aber auch in die Nähe der Fälschung rückt. Diese willkürliche Interpretation wird jedoch vom professionellen Vokabular so nicht unterstützt.

Der Begriff *Faksimile* in seiner fachlich korrekten Bedeutung wird vor allem im Bereich der historischen Bücher oder Grafiken verwendet. Hier meint man damit die möglichst exakte Wiedergabe eines speziellen historischen Vorbildes (z. B. der Gutenberg-Bibel). Es wird dabei keine Fälschung angestrebt, sondern versucht, das Objekt und seinen aktuell sichtbaren Zustand (d. h. auch alle seine vorhandenen Schäden oder Verluste!) so genau wie möglich wiederzugeben[55]. Damit kann das Original vor dem Verschleiß einer dauerhaften Ausstellung oder der wiederholten Benutzung geschützt werden, denn hier wird dann das Faksimile eingesetzt. Eine solche 1:1-Kopie des tatsächlichen, gealterten Zustandes muss deutlich als solche gekennzeichnet werden.

Dies ist vermutlich im Fahrzeugbereich noch nie auf diese Weise versucht worden.

## Andere Wortschöpfungen

In der Vergangenheit wurden besonders im kommerziellen Bereich immer wieder interessante Wortkombinationen erfunden, um Sachverhalte, die eigentlich nicht den Grundsätzen historischer Fahrzeuge entsprechen, mit einem wohlklingenden Etikett zu versehen. Insgesamt sind solche Sprachschöpfungen jedoch willkürlich und beliebig und sollten darum im professionellen Kontext nicht verwendet werden.

Die folgende Liste von beispielhaften Bezeichnungen ist sicherlich nicht vollständig:

- **Continuation Car, Continuation Vehicle** – Diese Begriffe werden teilweise für Replikas und Nachbauten verwendet. Solche Fahrzeuge nehmen für sich in Anspruch, nach den originalen Standards und Bauplänen gefertigt zu sein, sind gleichzeitig aber auch häufig mit veränderten technischen Merkmalen ausgestattet (beispielsweise moderneren Motoren)[56]. Da dieser von den Herstellern solcher Nachfertigungen selbst propagierte Begriff in der Praxis sehr unscharf und häufig irreführend ist, sollte er bei einer professionellen Beschreibung von historischen Fahrzeugen nicht eingesetzt werden (siehe stattdessen *Replika, Nachbau*).
- **New-Tech Restaurierung** – Diese Bezeichnung versucht, die Hochrüstung eines historischen Fahrzeuges mit modernen Komponenten in Verbindung zu einer Restaurierung zu bringen[57]. Eine New-Tech-Umarbeitung, wie sie unter diesem Begriff propagiert wird, führt nur zu oft dazu, dass eine Zulassung als historisches Fahrzeug nicht mehr möglich ist und das Fahrzeug als Neuwagen angesehen wird. Dies ist nicht kompatibel mit dem Begriff einer Restaurierung, deren Ziel es ja ist, einen früheren (historischen) Zustand des Fahrzeuges wieder ablesbar und erlebbar zu machen.
- **Moderner Klassiker, Newtimer** und vergleichbare Wortkreationen – Ist schon der Begriff »Youngtimer« noch teilweise

umstritten, handelt es sich bei solchen Bezeichnungen noch deutlicher um eine völlig unklare, nicht greifbare Umschreibung. Damit soll angedeutet werden, dass es sich um ein aktuell hergestelltes Fahrzeug handelt, das das Potenzial hat, zukünftig ein Klassiker zu werden. Dies suggeriert besondere Qualität und eine mögliche Wertsteigerung, die allerdings auf der Basis realistischer Betrachtung und zum aktuellen Zeitpunkt reine Spekulation ist.

# Quellen und Fachliteratur, die für die Erarbeitung dieses Glossars zu Rate gezogen oder zitiert wurden

## Bücher, Zeitschriften- und Internetartikel

*APPELBAUM, Barbara: »Conservation Treatment Methodology«, Oxford: 2007 (ISBN 9781453682111)*

*ASP KLASSIK: Auto Service Praxis, München 2008-2014 (IDN 991117484)*

*BRACHERT, Thomas: »Patina«, München 1985 (ISBN 9783766707787)*

*BRAUCKMANN, Jürgen; Mißbach, Steffen; Schroeder, Norbert; Schütt, Udo: »TÜV Rheinland-Handbuch Oldtimer«, Bonn 2016 (ISBN 9783781219434)*

*CAPLE, Chris: »Conservation skills: judgement, methods and decision making«, London 2000 (ISBN 0415188814)*

*JAKOBS, Dörte: »Die Carta del Restauro des Istituto Centrale del Restauro 1987«, Zeitschrift für Kunsttechnologie und Konservierung 1/1990, S. 1-29, Worms 1990 (ISSN 0931798)*

*JENKINSON, Denis: »Directory of Historic Racing Cars«, Bucks 1986 (ISBN 9780946627080)*

*KAISER, Joachim: »Reparieren, restaurieren, erhalten: altes Schiff, was nun?«, Mitteilungsblatt des FKY (Newsletter of the German Classic Yacht Club – FKY, no. 9/1998, S. 29ff)*

*ODENDAHL, Kerstin: »Kulturgüterschutz« (Habilitationsschrift), Tübingen: 2005 (ISBN 9783161486432)*

*PETZET, Michael: »Principles of conservation: An Introduction to the International Charters for Conservation and Restoration 40 years after the Venice Charter«, , Hefte des Deutschen Nationalkomitees/ICOMOS 30, Seite 7-29, Berlin 1999 (ISBN: 387490668X) und http://openarchive.icomos.org/431, session vom 29.06.2016*

*PETZET, Michael: »Grundsätze der Denkmalpflege 2: Konservierung, Restaurierung, Renovierung«, Arbeitsblätter der Bayerischen Denkmalpflege, 1994.*

*SCHWEIGHARD, Sennine: »Commentary on Malcolm Collum: Responsible Utilization: Balancing a Conservator's Obligations with Society's Expectations« http://www.museumethics.org/2011/09/commentary-on-malcolm-collum-responsible-utilization-balancing-a-conservators-obligations-with-societys-expectations, session vom 29.06. 2016*

*SIMEONE AUTOMOTIVE FOUNDATION: »The Stewardship of Historically Important Automobiles«, Philadelphia 2012 (ISBN 9780988273306)*

*TUTT, Gundula: »What is Patina?« Published 2018 by the Association of British Technical and Engineering Museums (ABTEM) https://abtemguidelinesorg.wordpress.com/case-studies/case-studies-further-information, session vom 18. 5. 2018 und »Kommentar der Definition des Fahrzeuges von historischem Interesse im European Roadworthiness*

Package (Richtlinie 2014/45/EU vom 3. April 2014)«, https://omnia-online.jimdo.com/roadworthieness-d, session vom 12.10.2019

WATSON, John R.: »Artifacts in Use«, Richmond 2010 (ISBN 978-1466359703)

WREDE, Christian: »Kopien – Imitationen – Fälschungen. Kunst und Kaufrecht: Zur Entwicklung der Kunstmängelhaftung und dem Phänomen der Krypto-Regeln« (Dissertation Universität Erlangen), Berlin 2005, (ISBN 386504140X)

## Offizielle Dokumente

DEUTSCHES BUNDESMINISTERIUM DER JUSTIZ: »Gesetz zum Schutz deutschen Kulturgutes gegen Abwanderung«, Stand 18. 5. 2007
http://www.gesetze-im-internet.de/bundesrecht/kultgschg/gesamt.pdf, session vom 29.06.2016

DEUTSCHES BUNDESMINISTERIUM DER JUSTIZ: Novellierung des Kulturgutschutz-Gesetz, verabschiedet am 23. Juni 2016
http://dip21.bundestag.de/dip21/btd/18/074/1807456.pdf, session vom 29.06.2016

DEUTSCHES BUNDESMINISTERIUM FÜR VERKEHR, BAU UND INFRASTRUKTUR
(Bundesverkehrsministerium) Fahrzeug-Zulassungsverordnung FZV §2, Begriffsbestimmungen (November 2013)
http://www.stvzo.de/stvzo/fzv/FZV_a1.htm#2, session vom 29.06.2016

DEUTSCHES BUNDESMINISTERIUM FÜR VERKEHR, BAU UND INFRASTRUKTUR (Bundesverkehrsministerium)
»Richtlinie zur Begutachtung von Oldtimern nach §23« veröffentlicht am 6.3.2011 in Verkehrsblatt 7/2011, S. 257 ff,
http://www.verkehrsblatt.de/docs/archivanzeige.php, session vom 27.06.2016

DEUTSCHES BUNDESMINISTERIUM FÜR VERKEHR, BAU UND INFRASTRUKTUR (Bundesverkehrsministerium)
»Arbeitsanweisung zur Begutachtung von Oldtimern nach §23«, Version AKE 9. 9. 2014,
https://www.dropbox.com/s/kolbku9nnfn81va/Arbeitsanweisung%20Oldtimer%2048AKE_Niederschrift_V4%2B-Anlagen%20Kopie.pdf?dl=0, session vom 29.06.2016

DIN 5127: 2001: Information and documentation – Vocabulary
http://www.beuth.de/de/norm/iso-5127/47112143, session vom 29.06.2016

E.C.C.O. (European Confederation of Conservator-Restorers' Organisations): »Professional Guidelines«
I – The Profession, 2002
II – Code of Ethics, 2003
III – Basic Requirements for Education in Conservation-Restoration, 2004
http://www.ecco-eu.org/about-e.c.c.o./professional-guidelines.html http://www.icom-cc.org/47/#.V3QGVK6xafU

EMH (European Maritime Heritage): »The Barcelona Charter« 2005, (englischer Urtext)
http://www.european-maritime-heritage.org/bc.aspx, session vom 29.06. 2016
»Charta von Barcelona«,Europäische Charta über die Konservierung und Restaurierung von historischen Wasserfahrzeugen in Fahrt, 2005, (offizielle deutsche Übersetzung)
http://www.e-m-h.eu/docs/Barcelona%20Charter%20DE.pdf, session vom 29.06. 2016

ENGINEERING HERITAGE AUSTRALIA: »Engineering Heritage and Conservation Guidelines«, 2009
http://www.engineersaustralia.org.au/sites/default/files/shado/Learned%20Groups/Interest%20Groups/Engineering%20Heritage/ehc_guidelines_2009_01_2.pdf, session vom 29.06. 2016

EUROPEAN ROADWORTHINESS PACKAGE, Richtlinie 2014/45/EU VOM 3. APRIL 2014,:
http://eur-lex.europa.eu/legal-content/DE/TXT/PDF/?uri=CELEX:32014L0045&from=DE
session vom 26.06.2016

*EUROPEAN STANDARD DIN EN 15898, 2011-2012: Conservation of cultural property – Main general terms and definitions*
*http://www.beuth.de/de/norm/din-en-15898/140597446, session vom 29.06.2016*

*FEDECRAIL (European Federation of Museum & Tourist Railways): »The Riga Charter«, on Authenticity and Historical Reconstruction in Relationship to Cultural Heritage (englischer Urtext)*
*http://www.fedecrail.org/en/download/riga_charter_v10en.pdf, session vom 29.06. 2016*

*FEDECRAIL (European Federation of Museum & Tourist Railways): »Die Charta von Riga«, Europäische Charta für die Erhaltung und Restaurierung von betriebsfähigen historischen Eisenbahnen, 2003 (offizielle deutsche Übersetzung)*
*http://www.fedecrail.org/de/download/riga_charta_d01de.pdf, session vom 29.06. 2016*

*FÉDÉRATION INTERNATIONAL DES VÉHICULES ANCIENS: »Technical Code 2015«, englischer Urtext*
*http://www.adac.de/_mmm/pdf/FIVA%20Technical%20Code%202015%20ENGLISH_222387.pdf, session vom 29.06.2016*
*(zum Vergleich wurde teilweise auch die ältere Version des FIVA Technical Code aus dem Jahr 2010 herangezogen, der bis 2016 von der neueren Version 2015 offiziell abgelöst wird. Der englische Urtext der Version 2010 unter: http://www.fiva.org/site/en/publications/category/24-fiva-technical-code-2010, session vom 29.06.2016 und die offizielle deutsche Übersetzung dieser älteren Version unter http://www.adac.de/_mmm/pdf/Code2010-de-v1_45997.pdf, session vom 29.06.2016*

*FÉDÉRATION INTERNATIONAL DES VÉHICULES ANCIENS: »Charter of Turin«, 2012, englischer Urtext: http://fiva.org/newsite/commissions/culture-commission/download-documents, session vom 29.06.2016*
*»Charta von Turin«, 2012, offizielle deutsche Übersetzung durch die Culture Commission der FIVA,*
*https://www.adac.de/_mmm/pdf/FIVA_Charta_von_Turin_161747.pdf, session vom 29.06.2016*
*(bei der hier hinterlegten Version der deutschen Übersetzung fehlt die Einleitung zur Verabschiedung und der Verweis auf die im Zweifelsfall immer bindende englische Urfassung)*
*http://www.kulturgut-mobilitaet.de/dokumente/verschiedenes/2356-charta-von-turin, session vom 29.06.2016 (hier findet sich die vollständige offizielle deutsche Übersetzung), bindend ist immer der englische Urtext*

*ICOMOS (Conseil International des Monuments et des Sites): International Charter for the Conservation and Restoration of Monuments and Sites (Venice Charter), 1964*
*http://www.icomos.org/venicecharter2004, session vom 29.06.2016*
*The Venice Charter – Bibliography*
*http://www.international.icomos.org/venicecharter2004/venicecharter-bibliography.pdf, session vom 29.06. 2016*

*ICOMOS (Conseil International des Monuments et des Sites): »Internationale Charta über die Konservierung und Restaurierung von Denkmälern und Ensembles (Charta von Venedig). Offizielle deutsche Übersetzung*
*http://tu-dresden.de/die_tu_dresden/fakultaeten/fakultaet_architektur/ibad/denkmalpflege/lehre/lehrmaterialien/charta_venedig.pdf, session vom 29.06.2016*

*ICOMOS (Conseil International des Monuments et des Sites): »ICOMOS Charter, Principles for the analysis, conservation and structural restoration of architectural heritage«, 2003*
*http://www.icomos.org/victoriafalls2003/struct1_eng.htm,session vom 29.06.2016*

*ICOMOS AUSTRALIA*
*»The Burra Charter«, 2013*
*http://australia.icomos.org/publications/charters, session vom 29.06.2016*

*ICOMOS (Conseil International des Monuments et des Sites): New Zealand Charter for the Conservation of Places of Cultural Heritage Value, 1992*
*http://www.icomos.org.nz/docs/NZ_Charter.pdf, session vom 29.06.2016*

*ICOMOS (Conseil International des Monuments et des Sites): »Document of Pavia, Preservation of Cultural Heritage: towards a European Profile of the conserva-*

tor-restorer«, Pavia 1997
http://onlinelibrary.wiley.com/doi/10.1111/1468-0033.00164/abstract, session vom 29.06.2016

ICOMOS (Conseil International des Monuments et des Sites): »Comments on the Venice Charter with illustrations«, (M. Lukka Lokilehto), Rome 1995
http://www.international.icomos.org/venicecharter2004/jokilehto.pdf, session vom 29.06.2016

ICOM-CC (International Council of Museums, Committee for Conservation): Terminology to characterize the conservation of tangible cultural heritage, New Delhi 2008
http://www.icom-cc.org/242/about-icom-cc/what-is-conservation/#.UlXuNxwcorg, session vom 29.06.2016

ICOM-CC (International Council of Museums, Committee for Conservation): The Conservator-Restorer: a Definition of the Profession, 1984
http://www.icom-cc.org/47/#.V3QGVK6xafU, session vom 29.06.2016

HENRY FORD MUSEUM & GREENFIELD VILLAGE
Policy & Procedure Memorandum No. 25a, 3/2001
http://cool.conservation-us.org/byorg/henryfordmuseum/preservation-policy.html, session vom 29.06. 2016
und http://cool.conservation-us.org/coolaic/sg/osg/abstracts/ab2001/ab2001_3.htm, session vom 29.06.2016

TATE Papers
Tate Papers ist ein wissenschaftliches Online-Journal, das Artikel zur Forschung über die aktuelle Britische und internationale Museumspraxis im Bereich der Modernen Kunst veröffentlicht. Zugang über: https://www.tate.org.uk/research/publications/tate-papers, session vom 18.10.2019

UNESCO (United Nations Educational, Scientific and Cultural Organization): »Nara Document on Authenticity«, Nara 1994
http://whc.unesco.org/document/9379, session vom 29.06.2016

## Internet-Datenbanken

DEUTSCHE UNESCO-KOMMISSION
Auf diesem Portal finden sich wichtige Grundlagendokumente zu unterschiedlichen Themen des Kulturerbes. Zugang über: https://www.unesco.de/publikationen, session vom 18.10.2019

EUROPEAN FEDERATION OF ASSOCIATIONS OF INDUSTRIAL AND TECHNICAL HERITAGE
Dies ist eine Plattform zur Förderung von Kontakten und Zusammenarbeit zwischen ehrenamtlich arbeitenden und gemeinnützigen Verbänden im Bereich der Erforschung und Erhaltung von Technischen Kulturgütern in Europa. Hier werden Erfahrungen und Kenntnisse ausgetauscht und gemeinsame Aktivitäten koordiniert.
Zugang über: http://www.e-faith.org, session vom 29.06.2016

ICOMOS (Conseil International des Monuments et des Sites): Open Archive
Diese Archiv ist eine fachliche und institutionelle Informationsplattform im Bereich der Denkmalpflege. Hier werden alle von ICOMOS erstellten wissenschaftlichen Unterlagen hinterlegt und zentralisiert. Es dient auch als Facharchiv, das der internationalen wissenschaftlichen Gemeinschaft auf dem Gebiet der Erhaltung des Kulturerbes offen steht. Zugang über: http://openarchive.icomos.org, session vom 29.06.2016

ICOMOS (Conseil International des Monuments et des Sites): Documentation Centre
Dieses Archiv wurde 1965 als internationales Dokumentationszentrum für die Erhaltung und Wiederherstellung des architektonischen Erbes eingerichtet. Dies geschah auf Initiative der UNESCO. Zugang über: http://databases.unesco.org/icomos, session vom 29.06.2016.
und http://www.bcin.ca, session vom 29.06.2016

## Quellenangaben

1 Im Gegensatz zu so genannten Universal- und Rechtschreibe-Wörterbüchern wie beispielsweise dem »DUDEN«, die sich auf eine informierte allgemeine Schriftsprache beziehen, werden in den professionellen Fachtermini Begriffe teilweise spezialisiert und nachgeschärft definiert.

2 Zahlreiche von den vorgenannten Organisationen geprägte Fachbegriffe wurden im European Standard DIN EN 15898:)2011-12 zusammengefasst (Erhaltung des kulturellen Erbes, allgemeine Begriffe) und 2011 verbindlich in die offiziellen Richtlinien von 31 Ländern übernommen (siehe DIN EN 15898:)2011-12, S. 3).

3 https://fiva.org/wp-content/uploads/2019/08/03-Turin-Charter-French-English.pdf,

und https://fiva.org/wp-content/uploads/2019/08/CHARTA-VON-TURIN_08.11.18-1.pdf, beide session vom 12.10.2019 (Bei diesen Versionen fehlt die Einleitung zur Verabschiedung und der Hinweis auf die Verbindlichkeit der englischen Urfassung.)

http://www.kulturgut-mobilitaet.de/dokumente/verschiedenes/2356-charta-von-turin (vollständige offizielle deutsche Übersetzung mit Einleitungszeilen), verbindlich ist auch in diesem Fall immer die englische Urfassung

4 BRAUCKMANN, Jürgen; MIßBACH, Steffen; SCHROEDER, Norbert; SCHÜTT, Udo: »TÜV Rheinland Handbuch Oldtimer«, Bonn 2016

5 http://www.adac.de/_mmm/pdf/FIVA%20Technical%20Code%202015%20ENGLISH_222387.pdf

6 https://fiva.org/wp-content/uploads/2019/08/Charter-of-Turin-Glossary-30-06-16-1.pdf, session vom 12.10.2019

7 ODENDAHL, Kerstin, »Kulturgüterschutz« (Habilitationsschrift Universität Tübingen, 2005)

8 Details dazu unter https://www.unesco.de/kultur-und-natur/immaterielles-kulturerbe, session vom 13.10.2019

9 z. B. Terminologie der EUROPEAN FEDERATION OF ASSOCIATIONS OF INDUSTRIAL AND TECHNICAL HERITAGE, http://www.e-faith.org, session vom 30.06.2016

10 z. B. die Definitionen im deutschen Kulturgut-Schutzgesetz, http://dip21.bundestag.de/dip21/btd/18/074/1807456.pdf session vom 29.06.2016

11 siehe »Richtlinie für die Begutachtung von Oldtimern nach §23 StVZO« vom 6. 4. 2011 (VERKEHRSBLATT Heft 7 – 2011, S. 258)

12 https://www.historicvehicle.org/cultural-icon-gypsy-rose, session vom 18. 10. 2019

13 http://www.fahrzeugbilder.de/bild/Nutzfahrzeuge+Oldtimer~Citroen~Kleintransporter/63008/citroen-c4a-dem-fahrzeug-von-1930.html, session vom 30.06.2016

14 siehe z. B. im deutschen Kulturgutschutzgesetz, http://dip21.bundestag.de/dip21/btd/18/074/1807456.pdf, session vom 29.06.16.

Vergleichbare Regelungen existieren auch in vielen anderen Staaten, beispielsweise in Frankreich und Österreich.

15 so heißt es der seit 2011 gültigen Richtlinie nach §23 StVZO: »Die vom amtlich anerkannten Sachverständigen oder Prüfer [...] zum Ausdruck gebrachte Würdigung [...] muss eine Antwort auf die entscheidende Frage geben: Kann das begutachtete Fahrzeug im Sinne dieser Richtlinie als ein kraftfahrzeugtechnisches Kulturgut betrachtet werden?« (Verkehrsblatt 7/2011, S. 257, Abschnitt 3.)

16 siehe Datenbank geschützter Kulturgüter in Deutschland, http://www.kulturgutschutz-deutschland.de/DE/3_Datenbank/dbgeschuetzterkulturgueter.html, session vom 15. 10. 2019

17 siehe die für Deutschland aktuell gültigen Kriterien für die Erteilung des H-Kennzeichens:

Verkehrsblatt 7/2011, S. 257 ff

und http://www.oldtimer-markt.de/sites/default/files/2011_04_19_vkbl_2011_s_257_-_oldtimerrichtlinie1.pdf, session vom 26.06.2016)

sowie die im European Roadworthiness Package auf den Seiten 52 und 57 festgehaltene Vorgaben zum »Fahrzeug von historischem Interesse«, (RICHTLINIE 2014/45/EU VOM 3. APRIL 2014,

http://eur-lex.europa.eu/legal-content/DE/TXT/PDF/?uri=CELEX:32014L0045&from=DE, session vom 26.06.2016

18 siehe Verordnung über die Zulassung von Fahrzeugen zum Straßenverkehr (Fahrzeug-Zulassungsverordnung – FZV) § 2 Ziffer 22

19 FIVA Technical Code 2015, S. 3

20 wie beispielsweise in Bezug auf die »Veteranenzulassung« in der Schweiz

21 siehe z. B. Protokoll des Parlamentskreises Automo-

biles Kulturgut in Berlin vom 20.6.2016

22 In Serie produzierte Fahrzeuge derselben Modellausführung sind zum unmittelbaren Zeitpunkt der Fertigstellung insofern auch »vertretbare Sachen« im Sinne von §91 BGB.

23 So wurden beispielsweise die beiden Türme des im 13. Jahrhundert erbauten Kölner Domes erst im 19. Jahrhunderts hinzugefügt, – diese stammen zwar nicht aus der ursprünglichen Bauzeit (»Herstellungszeit«), gehören aber selbstverständlich genauso zum historischen Original wie der im 14. Jahrhundert im Dom aufgestellte Dreikönigsschrein oder verschiedene im 18. Jahrhundert eingebaute Glasfenster.

24 Dies wird auch deutlich bei genauer Betrachtung des derzeitigen Durchschnittsalters von zugelassenen Fahrzeugen in der normalen Nutzung. Dieses beträgt Stand 1.1.2019 für PKW: 9,5, Krafträder: 18, LKW: 8,0, Zugmaschinen: 29,8 und Anhänger: 18,0 Jahre. (https://www.kba.de/DE/Statistik/Fahrzeuge/Bestand/Fahrzeugalter/fahrzeugalter_node.html;jsessionid=3B02711DEC60EFBF-CCEA2C3E387F78BF.live11294, session vom 26.11.2019)

25 Bei diesen Fahrzeugen handelt es sich üblicherweise um Fahrzeuge amerikanischen Ursprungs, die 1959 im Zuge der kubanischen Revolution von ihren amerikanischen Besitzern zurückgelassen worden sind, als diese fluchtartig das Land verlassen haben. Sie werden in Kuba bis heute beispielsweise als Taxen im normalen Gebrauch gehalten.

26 z. B. die entsprechenden gesetzlichen Regelungen in Deutschland, Österreich und der Schweiz, die Grundlagen zur Erteilung des FIVA-Wagenpasses, Anhang K des FIA-Reglements und spezielle Konditionen von Versicherungen für Oldtimer

27 Anmerkung: Der in der deutschen Übersetzung des FIVA Technical Code 2010 verwendete Begriff der »zeitgenössischen Ausführung« war unlogisch, denn er setzt die aus der Gebrauchsphase stammenden Parameter (»zeitgenössisch«) mit den herstellungszeitlichen Spezifikationen (»herstellungszeitlich«) gleich. Hierbei wurde außer Acht gelassen, dass historisch wichtige oder interessante Veränderungen aus der Gebrauchsphase in vielen Fällen nicht mit der serienüblichen Ausstattung des Herstellers übereinstimmen.
Die entsprechenden Definitionen müssen deshalb aufgeteilt und damit präzise eingegrenzt werden, (siehe herstellungszeitliche Spezifikationen, herstellungszeitliche Ausführung sowie Spezifikationen der Gebrauchsphase, gebrauchszeitliche Spezifikationen).
Eine entsprechende und im Kulturgutbereich übliche Trennung der beiden Begriffe wurde in die Grundlagen zum FIVA Technical Code 2015 übernommen worden ist.

28 Bezug auf Anfrage der Autorin vom September 2013 bei Verantwortlichen der Landesämter für Denkmalpflege Baden-Württemberg und Sachsen zum professionellen Gebrauch des Wortes »zeitgenössisch« in Bezug auf Technische Kulturgüter.

29 z. B. http://www.auto-motor-und-sport.de/news/scottsdale-auktionen-2014-patina-schlaegt-concourszustand-7997200.html, session vom 31.12.14

30 im Falle von Fahrzeug-Ikonen kann sogar allein der Erwerb des Chassis und damit der nachgewiesenen historischen Identität der Grund dafür sein, denn diese Komponenten ermöglichen später den kompletten Wiederaufbau ...

31 http://www.artcurial.com/en/asp/fullcatalogue.asp?salelot=2651+++++59+&refno=10514398,
session vom 29.06.2016

32 siehe dazu auch Kommentar der Definition des »Fahrzeuges von historischem Interesse« im European Roadworthiness
Package (Richtlinie 2014/45/EU vom 3. April 2014), https://omnia-online.jimdo.com/roadworthieness-d, session vom 12.10.2019

33 siehe dazu auch TUTT, Gundula: »Was ist Patina?« https://abtemguidelinesorg.wordpress.com/case-studies/case-studies-further-information, session vom 9. 10. 2019

34 BRACHERT, Thomas: »Patina, Vom Nutzen und Nachteil der Restaurierung«, München 1985, S. 9ff und
TUTT, Gundula: »Was ist Patina?« https://abtemguidelinesorg.wordpress.com/case-studies/case-studies-further-information/

35 Im Falle einer Modifikation des Chassis und ähnlich tief gehenden Eingriffen außerhalb der normalen Gebrauchszeit wird der Zeitpunkt dieser Maßnahme nach geltendem deutschen Recht als neues »Geburtsdatum« des Fahrzeuges eingesetzt.

36 siehe. z. B. HENRY FORD MUSEUM & GREENFIELD VILLAGE, Policy & Procedure Memorandum No. 25a 3/2001, dort Appendix 2, »Registered Objects«; http://cool.conservation-us.org/byorg/henryfordmuseum/preservation-policy.html, session vom 30.06.2016

37 z. B. KAISER, Joachim: »Reparieren, Restaurieren,

erhalten: altes Schiff, was nun?«, Mitteilungsblatt des FKY (Newsletter of the German Classic Yacht Club – FKY), no. 9/1998, S. 2

38 http://www.spiegel.de/wissenschaft/mensch/experimentelle-archaeologie-studenten-zimmern-antikes-kriegsschiff-a-285214.html, session vom 31.12.14

39 A. Furger-Gunti, »Der keltische Streitwagen im Experiment. Nachbau eines essedum im Schweizerischen Landesmuseum«, ZEITSCHRIFT FÜR SCHWEIZERISCHE ARCHÄOLOGIE U. KUNSTGESCHICHTE 50, 1993, 213-222.

40 http://www.arce.org/news/u95, session vom 31.12.14

41 http://www.guedelon.fr/de, session vom 31.12.14

42 DIEHL, Peter: »Wider dem Halbwissen«, asp KLASSIK 12/2014, S. 69

43 Charta von Turin, Anhang 1, S. 5; http://fiva.org/newsite/commissions/culture-commission/download-documents, session vom 30.06.2016

44 hierbei sind die jeweils gültigen Vorgaben für eine reguläre, aber auch eine historische Zulassungen in Betracht zu ziehen

45 https://revsinstitute.org/the-collection/1939-bu-merc, session vom 15.10.19

46 http://www.iron-age-garage.de/Iron_Age_Garage/6.2.1_Speedster.html, session vom 30.06.2016

47 die genaue Definition eines »Hot Rod« bzw. »Street Rod« ist selbst in der damit befassten Szene dauerhaft umstritten. Grob gesagt, handelt es sich dabei um technische und gestalterische Umbauten von Serienfahrzeugen der 1920er bis 1940er Jahre. Dabei wird der Originalmotor zumeist durch ein deutlich leistungsstärkeres Aggregat ersetzt und die Karosserie aus optischen und gewichtstechnischen Gründen umfangreich verändert (https://de.wikipedia.org/wiki/Hot_Rod, session vom 29.06.16)

48 vgl. auch »Terminology for Further Expansion«, TATE PAPERS no. 8, Autumn 2007, https://www.tate.org.uk/research/publications/tate-papers/08/terminology-for-further-expansion, accessed 19 October 2019.

49 dies wird jedoch in verschiedenen Ländern juristisch unterschiedlich gefasst, was Auswirkung auf die Zulassungsfähigkeit eines Fahrzeuges haben kann.

50 siehe 49

51 vgl. auch »Terminology for Further Expansion«, in Tate Papers, no.8, Autumn 2007, https://www.tate.org.uk/research/publications/tate-papers/08/terminology-for-further-expansion, accessed 19 October 2019.

52 https://www.louwmanmuseum.nl/en/Ontdekken/Ontdek-de-collectie/renault-type-c, session vom 9. 10. 2019

53 https://revsinstitute.org/the-collection/1971-porsche-917, session vom 9. 10. 2019

54 JENKINSON , Denis: »Directory of Historic Racing Cars«, Bourne End 1986, S. 10ff
Insgesamt muss vermerkt werden, dass in dem von Jenkinson veröffentlichten »Glossary of Terms« teilweise sehr eigenwillige Um-Interpretationen von mit anderer Bedeutung fest etablierten Begriffen dargelegt werden. Diese stimmen nicht mit dem allgemein anerkannten Fachvokabular im Bereich der historischen Objekte und Kulturgüter überein. Seine Definitionen sollten deshalb nicht verwendet werden, da sie nur zu Missverständnissen und Verwirrung führen.

55 z. B. Tate Papers no. 8, »Terminology for further Expansion«, August 2007 https://www.tate.org.uk/research/publications/tate-papers/08/terminology-for-further-expansion, session vom 18.10. 2019

56 Seit dem Ende der 1980er Jahre haben Firmen wie die Shelby Automobile Inc. oder aktuell die Jaguar Land Rover LTD von ihnen selbst als »Continuation Cars« bezeichnete Fahrzeuge gebaut. Im Falle von Shelby handelte es sich dabei um lizenzierte Repliken der AC Cobra-Serie. Diese Fahrzeuge imitieren Aussehen und Stil der in den 1960er Jahren gebauten Vorbilder, sind jedoch mit verschiedenen modernen technischen Features ausgestattet. (http://www.shelby.com/?topic=aboutus&art=21491, session vom 17. 10. 2019)

57 siehe http://www.mechatronik.de/engineering/produktlinien, session vom 29.06. 2016

## Bildquellen

58 Bildquelle: https://i.wheelsage.org/pictures/prochie/stewart_six_truck/autowp.ru_prochie_stewart_six_truck_1.jpg, session vom 18. 10. 2019

59 Bildquelle: http://www.steinzeit-sahara.de/wiki/Pfeilspitzen_Abbildungen, session vom 30.06.2016)

60 Bildquelle: https://www.hopsouslacouette.com/2014/09/on-ne-voyait-que-le-bonheur_10.html, session vom 18.10.2019).

61 Bildquelle: http://picssr.com/photos/110347036@N05/page8?nsid=110347036@N05, session vom 30.06.2016

62 Bildquelle: https://www.kunstmuseum-wolfsburg.de/sammlung/robert-lebeck/der-vw-kaefer-in-der-fliessbandproduktion/#&gid=1&pid=1/Archiv Robert Lebeck, session vom 12.10.2019

63 Bildquelle: http://www.kaeferblog.com/altester-zum-strasenverkehr-zugelassener-vw-kafer)

64 Bildquelle: http://ausbrechervwhenrik.blogspot.de/2011/11/barnfind-in-2011-1952-volkswagen.html

65 Bildquelle: Gundula Tutt

66 Bildquelle: https://upload.wikimedia.org/wikipedia/commons/e/ec/Mona_Lisa%2C_by_Leonardo_da_Vinci%2C_from_C2RMF_retouched.jpg, session vom 12.10.2019

67 Bildquelle: https://www.swissinfo.ch/chi/-%E7%9C%9F%E6%AD%A3%E7%9A%84%E5%81%87%E8%89%BA%E6%9C%AF-%E4%B9C%E5%93%81/31472526, Michael Wolf, session vom 12.10.2019

68 Bildquelle: Charles01 – Eigenes Werk, CC BY-SA 3.0, https://commons.wikimedia.org/w/index.php?curid=20694892, session vom 12.10.2019

69 Bildquelle: Tim Keller, http://www.fotocommunity.de/photo/erdmann-rossi-mb-500k-tim-keller/34363362/ session vom 12.10.2019

70 Bildquelle: Gundula Tutt

71 Bildquelle: http://upload.wikimedia.org/wikipedia/commons/6/64/Bundesarchiv_Bild_183-V00670A,_Berlin,_Auto_mit_Holzgasantrieb.jpg, session vom 30.06.2016

72 Bildquelle: Privatarchiv

73 Bildquelle: Gundula Tutt

74 Bildquelle: Gundula Tutt

75 Bildquelle: Anton Roman, https://commons.wikimedia.org/wiki/File:1956_Opel_Olympia_Rekord_Caravan.jpgvom 17. 10. 2019

76 Bildquelle: http://theslowerroad.com/2011/01/05/chariot-experiments/, session vom 30.06.2016

77 Bildquelle: Rédaction Turbo.fr (http://www.turbo.fr/diaporama/photo-retromobile-2015-collection-baillon-78815, session vom 30.06.16

78 Bildquelle: https://revsinstitute.org/the-collection/1939-bu-merc, session vom 15.10.19

79 Bildquelle: http://www.carscoops.com/2013/03/1963-vw-shorty-t1-pickup-truck-packs.html, session vom 30.06.16

80 Bildquelle: http://lovebugfans.net/test/registry.htm. session vom 12.10.2019

81 Bildquelle: https://www.flickr.com/photos/nemor2/6246667925, session vom 12.10.2019

82 Bildquelle: https://toom.de/p/thermo-und-hygrometer-verchromt-7-cm/4300647, session vom 12.10.2019

83 Bildquelle: Privatarchiv

84 Bildquelle: Privatarchiv

85 Bildquelle: Gundula Tutt

86 Bildquelle: Gundula Tutt

87 Bildquelle: https://www.hemmings.com/blog/article/theyre-never-done, session vom 18. 10. 2019

88 Bildquelle: http://www.nast-sonderfahrzeuge.de/MB-Exotenforum/mix_entry.php?id=84332, session vom 30.06.2016

89 Bildquelle: Gundula Tutt

90 Bildquelle: Carsten Bolenski

91 Bildquelle: Jbergner Wikipedia/D, CC BY-SA 3.0, https://commons.wikimedia.org/w/index.php?curid=26032753, session vom 12.10.2019

92 Bildquelle: https://www.kettererkunst.com/details-e.php?obnr=410605801&anummer=305&detail=1, session vom 26.10.2019

# Index

## Die Beitragenden

**Mario De Rosa** ist seit 2007 Vorsitzender der heute über 15.000 Mitglieder zählenden Initiative Kulturgut Mobilität (IKM). Darüber hinaus arbeitet er seit 2011 in der Culture Commission der Fédération Internationale des Véhicules Anciens (FIVA), seit 2014 als deren Secretary.

**Peter Diehl** ist Kfz-Elektromechaniker und Dipl.-Ing. (FH) Kfz-Technik, war viele Jahre als Journalist auf dem Gebiet historischer Fahrzeuge tätig und ist seit 2015 Fachreferent der Oldtimerversicherung autosan CLASSIC.

**Prof. Dr. Karl Heinrich Hucke** forschte, lehrt und publiziert am Germanistischen Institut der Westfälischen Wilhelms-Universität Münster (WWU).

**Carsten Müller** ist Rechtsanwalt und seit 2005 Mitglied des Deutschen Bundestages. Seit 2014 hat er darüber hinaus den Vorsitz des Parlamentarischen Arbeitskreises Automobiles Kulturgut im Bundestag.

**Julian Westpfahl** ist Partner der Kanzlei SKW Schwarz. Neben seiner Tätigkeiten als Fachanwalt für Informationstechnologierecht vertritt er Sammler, Händler und Restauratoren bei der Durchsetzung ihrer Rechte und Interessen, insbesondere in Fragen der Identität, Authentizität und Originalität von historischen Fahrzeugen.

**Thomas Wirth** arbeitet seit 1989 als Journalist, Autor und Rechercheur für zahlreiche Medien im Bereich historische Fahrzeuge und hat sich dort immer wieder intensiv mit Themen wie Originalität und Authentizität beschäftigt.

**Dr. Gundula Tutt** ist Diplomrestauratorin und hat 2015 über historische Fahrzeugmaterialien promoviert. Neben zahlreichen Restaurierungsprojekten an Oldtimern war sie in der FIVA Culture Commission an der Ausarbeitung der Charta von Turin beteiligt.